致 读 者

本书由国防科技图书出版基金资助出版。

国防科技图书出版工作是国防科技事业的一个重要方面。优秀的国防科技图书既是国防科技成果的一部分,又是国防科技水平的重要标志。为了促进国防科技和武器装备建设事业的发展,加强社会主义物质文明和精神文明建设,培养优秀科技人才,确保国防科技优秀图书的出版,原国防科工委于1988年初决定每年拨出专款,设立国防科技图书出版基金,成立评审委员会,扶持、审定出版国防科技优秀图书。

国防科技图书出版基金资助的对象是:

1. 在国防科学技术领域中,学术水平高,内容有创见,在学科上居领先地位的基础科学理论图书;在工程技术理论方面有突破的应用科学专著。

2. 学术思想新颖,内容具体、实用,对国防科技和武器装备发展具有较大推动作用的专著;密切结合国防现代化和武器装备现代化需要的高新技术内容的专著。

3. 有重要发展前景和有重大开拓使用价值,密切结合国防现代化和武器装备现代化需要的新工艺、新材料内容的专著。

4. 填补目前我国科技领域空白并具有军事应用前景的薄弱学科和边缘学科的科技图书。

国防科技图书出版基金评审委员会在总装备部的领导下开展工作,负责掌握出版基金的使用方向,评审受理的图书选题,决定资助的图书选题和资助金额,以及决定中断或取消资助等。经评审给予资助的图书,由总装备部国防工业出版社列选出版。

国防科技事业已经取得了举世瞩目的成就。国防科技图书承担着记载和弘扬这些成就,积累和传播科技知识的使命。在改革开放的新形势下,原国防科工委率先设立出版基金,扶持出版科技图书,这是一项具有深远意义的创举。此举势必促使国防科技图书的出版随着国防科技事业的发展更加兴旺。

设立出版基金是一件新生事物,是对出版工作的一项改革。因而,评审工作需要不断地摸索、认真地总结和及时地改进,这样,才能使有限的基金发挥出巨大的效能。评审工作更需要国防科技和武器装备建设战线广大科技工作者、专家、教授,以及社会各界朋友的热情支持。

让我们携起手来,为祖国昌盛、科技腾飞、出版繁荣而共同奋斗!

国防科技图书出版基金

评审委员会

前　　言

　　无论是自然界还是人类社会,不确定性是一个普遍存在的因素,在实际的控制系统中,由于各种原因必然总是存在着不确定性。这种不确定性通常分为两类:一是外部的不确定性,如干扰等;二是系统内部的不确定性,如测量误差、参数估计误差及被控对象的未建模动态等。

　　鲁棒控制在设计过程中考虑了数学模型所具有的不确定性,假设模型频率特性与实际被控对象的频率特性,或者模型参数与实际对象的参数具有一定范围内的偏差,然后用解析的手段设计控制器,使系统对这一误差范围内的所有被控对象均能满足理想的性能要求。

　　控制系统的鲁棒性是指系统存在不确定性时,系统还能保持其应有的性能的一种属性。若系统具有不确定性时能保持稳定性,则称为鲁棒稳定性。如果除了鲁棒稳定外,还能保持一定的性能指标,则称为鲁棒性能。系统中的不确定性(如模型误差)对控制系统的性能(包括稳定性)具有很大的影响,甚至会使系统变得不稳定。因此,在控制系统设计过程中,必须充分考虑不确定性的影响,研究控制系统的鲁棒性和鲁棒控制问题。

飞机飞行控制系统的设计一般都是基于其名义(标称)模型设计的,而实际飞机这一复杂被控对象与名义模型间存在着各种模型不确定性。对飞机来说,系统主要的不确定性和外界干扰有以下几方面:

(1) 飞行控制系统是基于飞机运动的标称数学模型(也称为名义模型)设计的,但该数学模型是通过对飞机这一非线性时变模型进行一系列的简化假设和线性化处理得到的,因此标称数学模型与对应状态点的飞机实际模型间存在未建模动态特性不确定性。

(2) 飞机在飞行中由于动力系数、飞机重量、飞行高度、速度以及载荷位置等的不断变化,都将对飞机的运动特性和动态模型参数产生很大的影响,甚至可能改变飞机的动态模型结构,因此在进行飞行控制系统的设计中必须要考虑这些飞机模型参数的变化和结构不确定性。

(3) 对飞机而言,不确定性和外界干扰还包括:风洞实验误差带来的空气动力系数的不确定性;时延、忽略传感器和执行机构动态特性可能引起的未建模动态不确定性;大气扰动(如水平风、垂直风、大气紊流等)对飞机运动的干扰以及传感器噪声等。

随着科学技术的飞速发展,对飞机的性能要求越来越高。无论对于战斗机还是大型民机,都希望在动态性能不明确的情况下,能保证它具有良好的运动性能。更进一步地说,飞机通常要求在开环临界稳定点附近工作,但由于实际飞行控制系统必然存在着各种不确定性,所以设计控制器,使整个飞机系统不但具有鲁棒稳定性,而且具有性能鲁棒性,有着重要的实际意义。

本书是作者多年来在研究生教学和科研工作的基础上不断积累总结而成。系统地介绍了当前比较流行的三种鲁棒控制设计方法:H_∞ 控制方法、H_2/H_∞ 混合控制方法与 μ 综合控制方法。在介绍三种主要的鲁棒控制设计方法的基础上,通过飞行控制系统的设计实例及仿真,详细说明了三种鲁棒飞行控制系统的设计过程。

本书共分5章。第1章 鲁棒控制理论概述,主要介绍鲁棒控制理论中的主要方法和鲁棒控制的应用及鲁棒飞行控制研究现状;第2章 鲁棒控制基础,主要介绍鲁棒控制理论的相关数学知识、不确定性的描述、不确定系统频域模型、鲁棒稳定性的频域判定等内容;第3章 H_∞ 飞行控制系统设计,主要包括 H_∞ 标准设计问题、H_∞ 混合灵敏度控制思想与控制方法及其加权函数的选择方法、H_∞ 纵向飞行控制系统的设计与仿真、H_∞ 侧向飞行控制系统的设计与仿真等内容;第4章 H_2/H_∞ 飞行控制系统设计,主要包括 H_2/H_∞ 混合控制问题的提出、H_2 标准控制问题、基于 LMI 的 H_2/H_∞ 控制、基于 LMI 的 H_2/H_∞ 鲁棒飞行控制系统设计与仿真、含参数摄动的飞控系统设计与仿真等内容;第5章 μ 综合飞行控制系统设计,主要包括结构奇异值 μ 的定义、鲁棒稳定性和鲁棒性能分析、μ 综合设计方法及其步骤、纵向和侧向 μ 综合鲁棒飞行控制系统的设计与仿真、非脆弱 μ 综合飞行控制系统的设计与仿真等内容。

本书不仅注重鲁棒控制理论的介绍和总结,同时更注重鲁棒控制方法在飞行控制系统设计中的应用,将先进控制理论与工程实际问题紧密结合在一起。本书可供航空航天领域中从事控制理论研究与应用、飞行控制系统设计与研究的科研人员、工程技术人员使用,也可作为高等院校博士研究生、硕士研究生和高年级本科生的教学参考书。

本书的出版得到国防工业出版社的大力支持,作者在此表示衷心地感谢。感谢所引用参考文献的作者们,他们的出色工作为本书增添了丰富的内容。

本书由章卫国教授、李爱军教授、刘小雄副教授、李广文副教授共同编著。章萌博士为本书的编写做了大量程序编写、仿真和图文处理、校对等工作,徐丽娜、袁刚、张鑫、桂敬玲等研究生也做了一些图文处理和校对工作,在此表示感谢。

由于编者经验和水平有限,书中难免有不足之处,恳请读者能给予批评指正。

编者
2011 年 5 月
于西北工业大学

目　录

Contents

Overview of
Robust Control Theory

第1章

鲁棒控制理论概述

随着科学技术的发展,对飞机性能的要求越来越高,这就要求飞行控制系统能良好地处理模型不精确问题和外界干扰问题。而在实际飞行控制系统设计中还要考虑以下因素:

(1)当飞机数学模型的参数发生变化或存在结构不确定时,飞行控制系统也应该能够较好地完成对飞机的控制任务;

(2)由于控制器频带比较宽,使得飞机性能受飞机结构和执行机构动态性能变化的影响较大;

(3)反馈控制器的设计虽然对飞行员指令会得到较好的响应,但是外部扰动对它的影响可能会是破坏性的;

(4)执行部件与控制元件的制造容差,系统运行过程中存在的老化、磨损以及环境和运行条件恶化等现象;

(5)在实际工程问题中,通常对数学模型要人为地进行简化,去掉一些复杂的因素。

因此,一个合理的设计应该考虑到上述各种因素的影响,从而就会用到与控制有关的各种理论知识。例如:对于系统中出现的随机噪声,利用滤波的方法处理;在系统结构参数不确定的情况下进行系统辨识,建立系统的数学模型;为了使控制系统具有判断故障和处理故障的能力,可以进行故障诊断和容错控制;对于各种不确定性因素及其影响,就要考虑到鲁棒控制方法。

鲁棒性是指控制对象在一定范围内变化时,它能在某种程度上保持系统的稳定性与动态性能的能力。鲁棒控制就是设计一种控制器,使得当系统存在一定程度的参数不确定性及一定限度的未知建模动态时,闭环系统仍能保持稳定并具有一定的控制性能的控制。这就是不确定系统鲁棒控制。图 1 - 1 描述了不确定对象控制系统结构,其中 ΔP 代表对象 P 的不确定部分。

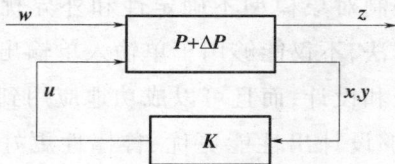

图 1 - 1 不确定对象控制系统结构

关于鲁棒控制的问题最早可以追溯到 1927 年 Black 针对具有摄动的精确的增益反馈设计思想,而基于这一设计思想的控制系统往往是动态不稳定的。直至 1932 年 Nyquist 提出基于 Nyquist 曲线的频域稳定性判据之后,才使得反馈增益与控制系统动态稳定性之间关系明朗化。进而 Bode 于 1945 年讨论了单输入单输出反馈系统的鲁棒性,提出利用幅值和相位稳定裕量来得到系统能容忍的不确定范围,并引入微分灵敏度函数来衡量参数摄动下的系统性能。其早期研究主要针对摄动的不确定性,即敏感性分析问题上。这是一种无穷小分析思想,与工程实际相距较远。而鲁棒控制(Robust Control)这一术语是由 Davison 于 1972 年首次提出的,通常意义下鲁棒控制就是要试图描述被控对象模型的不确定性,并估计在某些特性界限下达到控制目标所有的自由度[1]。

进入 20 世纪 80 年代以后,关于控制系统的鲁棒性研究引起了高度的重视,可以说这是鲁棒控制理论的发展阶段。鲁棒控制理论继承了以往的鲁棒性研究方法,以基于使用状态空间模型的频率设计方法为主要特征,提出了从根本上解决控制对象模型不确定性和外界扰动不确定性问题的有效方法,不仅能够用于单输入单输出反馈控制系统的鲁棒分析和设计,而且可以成功地应用到多输入多输出的场合,能够设计出性能更优、鲁棒性更好的反馈控制系统[2]。

经过许多学者三十多年的努力,鲁棒控制理论得到了长足的发展,并取得了令人瞩目的成果。目前,鲁棒控制的主要方法有 H_∞ 控制方法、结构奇异 μ 方法、基于分解的参数化方法、在 LQG 控制的基础上使用 LTR(Loop Transfer Recovery)技术的 LQG/LTR 方法、二次稳定化方法以及基于平衡实现原理、Kharitonov 定理和棱边定理的方法等。这些鲁棒性分析和设计方法的不断完善,正逐步筑起鲁棒控制理论的完整体系。其中,在现代鲁棒控制研究领域中受到广泛重视的有 Kharitonov 区间理论[3]、H_∞ 控制理论[4] 和结构奇异值理论(μ 理论)[5]。经过多年的广泛研究,鲁棒控制的许多领域都已经取得了令人瞩目的成就,各方面的文献浩如烟海。要做全面的综述,已经是相当的困难。下面只能就其发展主要阶段有代表性的工作进行简单概述。

1.1 | 鲁棒控制理论中的主要方法

鲁棒控制主要有以下比较常用的方法：

（1）1978 年苏联数学家 Kharitonov 提出了著名的 Kharitonov 定理。

（2）加拿大学者 Zames 于 1981 年提出的以输出灵敏度函数的 H_∞ 范数作为性能指标的 H_∞ 控制方法[4]。

（3）Bernstein 和 Haddad 在研究了 H_∞ 控制问题的基础上提出了 H_2/H_∞ 控制方法[5]。

（4）美国学者 Doyle 等人于 1982 年引入了结构奇异值的概念而逐渐形成的 μ 综合控制方法[3]。

1.1.1 Kharitonov 区间理论

自 Routh 和 Hurwitz 建立了著名的稳定性判据以来，相当长的一段时间内，基于灵敏度分析的方法成为控制理论中处理系统参数不确定性的工具[1]。由于系统中参数不确定性通常不能视为无穷小扰动，因此这种基于无穷小分析的鲁棒分析方法，在实际系统的分析和设计中，不能收到良好的效果。另一方面，灵敏度分析方法一般要求已知对象的标称值，这在处理实际问题时，往往很难做到。就参数空间中的鲁棒稳定性而言，导致研究困难的一个主要问题是因为参数空间中稳定区域是非凸的，即当两个参数点对应的系统均为稳定时,不能保证连接这两点直线上的每个参数点均对应于稳定的系统。1978 年 Kharitonov 提出了著名的 Kharitonov 定理,Bartlett 等(1988)给出了关于多项式凸多面体的棱边定理。这两个结果,在多项式系数为不确定参数的一次函数假设下,分别解决了区间多项式族稳定的有限检验问题和一般多项式多面体稳定的一维检验问题。Kharitonov 定理的意义在于:它将区间多项式中无穷多个多项式的稳定性与四个顶点多项式的稳定性等价起来。该定理首先由 Barmish(1984)引入控制系统的鲁棒性研究中,很快引起了多项式系数空间中研究系统鲁棒性的热潮。Anderson 等(1987)指出对于低阶情况,需要检验的多项式系数还可以进一步减少。Bialas 等(1985)首先讨论了两个稳定多项式的凸组合保持稳定的问题,给出了相当一般的稳定多项式组合保持稳定的充要条件。Huang 等(1987)给出了该问题解的充要条件,即这两个多项式具有相同的奇次项(或偶次项)。

由于 Kharitonov 定理及相关结论仅适用于区间多项式族的 Hurwitz 稳定问题,对于一般的 D 稳定性,处理起来则比较困难[1]。棱边定理则比较彻底地解决了这一问题。棱边定理出现后,引起了鲁棒控制界很大的研究兴趣。Fu 等(1988)将棱边定理推广到时滞系统。Tempo 等针对一类特殊多面体——菱形多项式族,用最优的办法证明了对一般 n 阶问题,仅需利用八个特殊的多面体棱边就足以判断多面体的 Hurwitz 稳定性。Hollot 等(1990)进一步简化了上述结论。除了 Kharitonov 开创性工作和棱边定理重要结论外，多项式族鲁棒稳定性研究中另一个里程碑式 Rantzer(1992)的关于凸方向的结果，它在棱边定理的基础上，给出了顶点检验结果存在的条件。Barmish 等(1992)、田玉平等(1995)在多项式的系数空间中讨论了凸方向的条件。

以 Kharitonov 定理为代表的多项式代数方法，为参数不确定系统的鲁棒稳定性分析提供了强有力的理论方法。Bhattacharyya 等(1995)在其专著中对参数不确定性系统的鲁棒性问题做了较全面的总结。然而，由于矩阵空间与多项式空间具有本质上的区别，以上基本定理在矩阵族中均不成立。因此，对于适应状态模式的矩阵组的研究，仍有许多问题亟待解决。另外，多项式代数方法基本上局限于系统鲁棒稳定性分析，对于鲁棒性能和鲁棒镇定等问题，还没有比较满意的结果。如何将现有方法应用到控制工程实践，仍有许多问题还未涉及。

1.1.2 H_∞ 鲁棒控制方法

H_∞ 鲁棒控制方法是在 H_∞ 空间(Hardy 空间)通过某些性能指标的无穷范数优化而获得具有鲁棒性能的控制器的一种控制理论。实践是理论产生的根本原因和条件，同时也是引导理论发展和完善的直接动力和最终目的。H_∞ 控制理论产生前，以 LQG 反馈系统设计方法为代表的现代控制理论占统治地位，但它无法处理被控对象数学模型有误差或摄动情况下的控制器求解问题,而这恰恰是工程实际经常遇到并迫切需要解决的课题。20 世纪 30 年代发展起来的经典频域设计理论,通过一定的增益和相角裕度使系统满足要求的性能并具有一定的鲁棒稳定性,但不适用于 MIMO 系统。正是这种实际需要加上此阶段泛函分析和算子理论等的完善,为 H_∞ 鲁棒控制理论的提出做好了准备[6]。

从 1981 年 Zames 提出的 H_∞ 控制思想至今,经过 30 年的发展,H_∞ 控制理论的发展大致可以分为如下三个阶段[6-8]。

第一阶段,1981 年—1987 年。它是 H_∞ 控制理论的产生阶段。1981 年,加拿大著名学者 Zames 在其论文中引入 H_∞ 范数作为目标函数对系统进行优化设计,标志着 H_∞ 控制理论的诞生。在此阶段,人们把在控制器集合中寻求使传递函数矩阵的 H_∞ 范数最小化解的问题,通过稳定化控制器的 Youla 参数变换成模型匹配和一般距离问题,然后再将其变换为 Nehari 问题来求解。寻求满足 H_∞ 范数指标的解的早期方法,大都基于输入输出系统框架并包含解析函数的(Nevan Linna-Pick 插值)或算子理论的方法,导致了算子理论学者和控制工程学者富有成果的合作[9]。但遗憾的是,最初的 H_∞ 鲁棒控制理论的标准频域方法在处理 MIMO 系统时,在数学上和计算上都显得无能为力。直到 1984 年,Doyle 用状态空间方法解决了 MIMO 的 H_∞ 最优控制问题,形成了"1984 年方法"。该方法的主要思路是:使闭环系统内稳定的控制器 K 参数化,把 K 表示为稳定的传递函数的函数,使问题转化为易于求解的无约束问题;然后再变换成模型匹配和广义距离问题来求解。这种方法的缺点是所用的数学工具非常烦琐,计算工作量浩大,并不像控制问题本身那样具有明确的工程意义。

第二阶段,1985 年—1989 年。"1984 年方法"出现后,为了减少计算的复杂性和降低控制器的维数,许多学者都进行了深入研究。直到 1988 年,Glover 和 Doyle 等人在全美控制年会上提出了"2 – Riccati 方程"解法[10],此类方法不仅设计过程简单,计算量小,而且所求得的控制器阶次较低,结构特征明显,它标志着 H_∞ 控制理论取得了突破性的进展。1989 年,Doyle 和 Glover 等人进一步给出了更简单的 H_∞ 控制器求解的方法,提出了状态反馈 H_∞ 控制问题可通过求解一个代数 Riccati 方程来获得。同时,这一阶段也是计算机技术发展的重要时期,为研制 H_∞ 鲁棒控制器设计软件包提供了基本条件。许多软件包相继面世,如美国 MathWorksx 公司开发的 Matlab 软件中的鲁棒控制工具箱;MUSYN 公司开发的 L2TOOLS 软件包;Integrated Systems 公司开发的 Matrixx 软件包及 Xmath 软件包等。这些软件包的研制成功,使 H_∞ 鲁棒控制理论成为真正实用的工程设计理论。

研究发现,H_∞ 范数优化能有效地处理非结构型不确定性(通常是指随频率变化的不确定因素,如高频范围的非建模动态和低频范围的对象干扰等,与标称对象的关系可以是加性、乘性或互质因子摄动形式)问题,而对于结构型不确定性(由对象的动态参数变化引起)问题则可能产生保守性。为了得到更好的控制器,发展了两种新方法,即回路成形方法和 μ(结构奇异值)分析方法。μ 分析方法是 Doyle 给出的解决当模型有结构不确定性时估价鲁棒性能的一种有效的分析工具[11],其基本思路是将一个具有回路多点独立的有界范数摄动化为一块对角摄动结构,然后给出判断系统鲁棒稳定的充要条件,因而在理论上是不保守的。Balas 等人于 1991 年开发出 μ 分析软件包[12]。回路成形方法是通过选择权函数改善开环奇异值频率特性,以实现系统的闭环性能,并在鲁棒性能指标和鲁棒稳定性之间进行折中。McFarlane 等人于 1992 年给出其设计步骤[13]。

此外,在这一阶段,H_∞ 控制问题已和其他控制问题建立起联系,如 Whittle 的临界敏感控制[14]、Basar 等人的微分策略[15]、Green 的 J 无损分解[16]、Dym 等人的最大熵方法[17]、Georgiou 的 Gap 度量[18]。从控制方式来看,已经从常规反馈控制向双自由度控制、自适应控制及分散控制等多种方式发展。状态空间 H_∞ 鲁棒控制理论也已推广到其他系统,从连续系统到离散系统,从时不变系统到时变系统,从有限维到无限维(分布参数系统),甚至推广到一些非线性系统。国内较早开展 H_∞ 鲁棒控制理论研究的主要有:清华大学的解学书、钟宜生等;上海交通大学的胡庭姝、施颂椒等;国防科技大学的刘频、王正志等;哈尔滨工业大学的胡建昆、王广雄等；华中理工大学的杨富文、涂建等。他们在 H_∞ 鲁棒控制理论研究方面取得了不少成果，推动了 H_∞ 鲁棒控制理论在我国的发展。近年来，国内研究 H_∞ 鲁棒控制理论及其应用的学者队伍不断扩大，一批有一定理论和实际应用价值的论文相继发表在国内重要学术刊物上。

第三阶段，1990 年至今。这一阶段是 H_∞ 控制理论的推广应用时期。1989 年之后，开始出现 H_∞ 控制的纯时域解法，最有代表性的是微分对策方法和极大值原理方法。另外，多目标 H_∞ 优化问题也受到人们的广泛关注。同时越来越多的关于 H_∞ 控制理论在工程方面应用的报道都表明了 H_∞ 控制在理论和应用上已经越来越完善。

H_∞ 鲁棒控制理论具有如下特点：

（1）将经典频域设计理论具有一定的鲁棒性和现代控制理论状态空间方法适于 MIMO 系统的两个优点融合在一起，系统地给出了在频域中进行回路成形的技术和手段。

（2）给出了鲁棒控制系统的设计方法，并充分考虑了系统不确定性的影响，不仅能保证控制系统的鲁棒稳定性，而且能优化某些性能指标。

（3）采用状态空间方法，具有时域方法精确计算和最优化的优点。

（4）多种控制问题均可变换为 H_∞ 鲁棒控制理论的标准问题，具有一般性，并适于实际工程应用。

1.1.3 H_2/H_∞ 鲁棒控制方法

在 20 世纪 60 年代,被称为现代控制理论的状态空间方法得到很大发展,出现了以 Kalman 滤波器和最优二次调节理论为基础的 LQG 反馈设计(H_2 控制)方法,但是该种方法要求获得对象的精确模型,且假定外界干扰信号的统计特性已知(如外界干扰为白噪声)。上述条件在实际应用中往往很难达到,所以 H_2 设计方法虽然在理论上具有较好的效果,但实际应用并不成功。直至 1981 年,H_∞ 控制思想的提出,大大解决了 H_2 设计方法对干扰信号所需限制的不合理性。简言之,H_∞ 控制方法非常适合求解鲁棒稳定性问题,能够很好地解决系统的鲁棒稳定性和抗干扰问题,但其动态品质相对较差,而 H_2 控制适合于处理系统干扰为白噪声的情况,但单纯的 H_2 控制的特点是动态性能较好而鲁棒性较差[19],并且当遇到外界干扰的情况下,系统的动态性能就会严重变坏。

在 H_∞ 控制理论中,运用小增益定理,只要扰动在某一有界范围内,对于结构不确定性和外干扰,系统都可以在一定程度上保证鲁棒稳定性。那么系统的抗干扰能力越强,这在单输入单输出系统中等同于系统具有较大的稳定裕度(相位裕度和幅值裕度),为了获得较大的稳定裕度,系统的其他性能会有所损失。因此,总的来说,用 H_∞ 理论来设计控制系统是保守的。在 LQG 设计中系统的性能可以方便地用 H_2 范数来表示,于是 H_2/H_∞ 混合控制的想法由此产生,也就是系统的某些性能用 H_2 范数来衡量,而系统的鲁棒性用 H_∞ 范数来衡量,对于具体控制系统的设计,可以描述为在某一有界扰动下系统保持稳定的同时还要使标称系统具有最快的响应。表面上看,这二者之间似乎是矛盾的,但实际上, H_∞ 问题的解不是唯一的,所有的 H_∞ 问题的解可以参数化为 LFT(K,P),这被称为线性分式变换,其中 P 为广义对象, K 为满足条件的稳定的控制器。由于 H_∞ 问题的解不是唯一的而是一组解,这就在一定程度上可以使 H_2 性能指标尽可能地小[20]。

作为 H_∞ 问题的推广, H_2/H_∞ 混合问题是一种重要的鲁棒性能问题。1989 年 Bernstein 和 Haddad 首先提出了 H_2/H_∞ 问题[21]。目前,混合 H_2/H_∞ 指标分析、设计控制系统的方法得到了迅速的发展。 H_2/H_∞ 混合控制,可以说将系统的最优性能和鲁棒性指标二者结合了起来,通过求解一个最优控制器使系统获得两个设计者最为关注的系统特性。不少的研究者都想到了结合 LQG 和 H_∞ 控制二者的优点,提出 H_2/H_∞ 混合优化问题。但是 H_2/H_∞ 混合优化问题被提出后,一个更加严峻的问题摆在研究者面前,那就是如何求解这一问题。即使一个有限维的系统,它的 H_2/H_∞ 混合优化控制器也有可能是无限维的。虽然是这样,研究者的兴趣和热情丝毫没有减少。文献 [23] 研究了 H_2/H_∞ 控制器的设计方法,文中给出了四种混合 H_2/H_∞ 控制的典型系统,这四种典型系统是 H_2 和 H_∞ 控制典型系统的推广。这四种典型系统的控制器设计,也与 H_2

和 H_∞ 控制相似,仅需解一个 Riccati 方程。但是这个 Riccati 方程带有参数,求解过程需要对这个参数寻优。H_2/H_∞ 混合优化问题的研究主要集中在三个方面:①基于无穷维优化的解的研究;②基于非线性耦合矩阵方程的解的研究;③寻求次优问题的解。在控制界具有现时实践意义的就是寻求 H_2/H_∞ 混合次优问题的解[20]。下面简要介绍几种混合 H_2/H_∞ 求解方法[19,20,23]。

Bernstein 和 Haddad 通过将 H_2 范数性能指标用 H_2 范数的上界来代替,通过辅助目标函数把 H_2/H_∞ 混合最优控制问题简化为一个次优控制问题,应用拉格朗日乘数法,得出这一次优问题有解的必要条件是两个耦合的 Riccati 方程有解[24]。进一步简化可以得到一个方程组(包括两个 Riccati 方程和两个 Lyapunov 方程),在文献[25]中,证明了这一方程组就是上述次优问题有解的充要条件。在文献[26]中,Mustafa 和 Glover 证明了标准 H_∞ 控制系统的最小熵问题的解等价于 H_2/H_∞ 混合次优问题的解,这个解通常被称为 H_∞ 问题的中心解,可以通过 4 - Riccati 方程法方便地进行求解。之后,Doyle、Zhou 和 Bodenheimer 扩展了 Bernstein 和 Haddad 的研究工作[27],给出了另一个混合 H_2/H_∞ 问题。His - Han Yeh、Siva S. Banda 和 Bor - Chin Chang 在后来的研究中[25]证明了 Bernstein 和 Haddad 的研究成果[21]和 Doyle、Zhou、Bodenheimer 和 Glover 的研究成果[27]是对偶的。

在文献[28]中,Rotea 和 Khargonekar 针对混合 $H_2/$

H_∞ 次优问题给出了一个凸优化的方法,指出对于状态反馈情形,静态增益控制器能够取得系统可能得到的最好性能,混合 H_2/H_∞ 问题可以被看成一个凸约束集和一个凸目标函数的凸优化问题,这样就可以用现有的算法有效地进行求解。对于输出反馈情况,可以通过中心 H_∞ 估计器将其转化为状态反馈问题。在文章中 Rotea 和 Khargonekar 只是将 H_2/H_∞ 次优问题转化成一个凸优化问题,但并未给出这个凸优化问题的解法。1995 年,G. D. Halikias 在文献[29]中应用凸变换算法(Convex Alternating Projection Algorithm)取得了 H_2/H_∞ 混合次优控制问题的数值解,并且通过 Hankle 范数模型降阶法将这一控制器简化为低阶 IIR 滤波器形式。在文章的最后还给出了一个算例[20]。对于单输入单输出问题,H_2/H_∞ 次优控制器能取得相当不错的结果,然而,对于单输入双输出、双输入双输出系统,采用最优解和次最优解的差别是十分大的。故此,寻找 H_2/H_∞ 混合问题最优解方法便显得十分重要。

在 Yen 的研究中[30,31],把 H_2/H_∞ 问题转化为一个最优问题和一个以 λ 和 $1-\lambda$ 加权的次最优问题,$0 \leqslant \lambda \leqslant 1$ 为加权系数,应用拉格朗日乘数法,得到含有 λ 的 4 个耦合的方程,当 $\lambda = 0$ 时,得到有解析解的 H_2/H_∞ 次最优问题;当 $\lambda = 1$ 时得到 H_2/H_∞ 最优问题,λ 从 0 到 1 不断取值,那么所得到的解就从次最优解向最优解逼近。这种方法存在几个问题:①所得的解不能保证是全局的;②λ 从 0 到 1 连续变化不断取值的这种方法计算量大;③即使求解

H_2/H_∞ 次最优问题,也要求解 Riccati 方程组。所以,通过求解 Riccati 方程求得单输入单输出问题或是通过凸优化的方法求解单输入多输出问题的初始解这一优点显得毫无意义。在状态反馈情况,当次最优解与最优解比较接近时,这种方法可以比较成功地运用,而在固定阶动态控制器情况,这种方法很难运用[20]。在文献[32,33]中,Ridgely 也用了一种相似的算法来求解 Megretski 混合问题。近年来,在 H_2/H_∞ 混合控制问题上取得较大进展的是 Megretski,他指出,对于动态控制器的情况,H_2/H_∞ 混合问题的最优解不像 LQG 问题会取得固定阶的解,最优控制器为无穷阶并且没有一个稳定的状态空间表达式。与此同时,Sznaier 针对单输入单输出和多输入多输出离散系统,提出了基于凸优化(Convex Programing)的方法将这个无穷维控制器近似转化为有限维高阶控制器[20]。近年来,基于线性矩阵不等式(LMI)解决鲁棒控制问题的研究越来越多。文献[34]中提出基于矩阵不等式方法的可解条件就是三个特殊的矩阵不等式(LMI),可使鲁棒 H_∞ 性能问题转化为确定系统的 H_∞ 控制问题。

一般来说,多数的线性系统控制问题都可以归结为 LMI 问题,尤其是 LMI 问题特别适合求解对闭环系统有多个约束的系统设计问题,并且求解 LMI 问题是一个凸优化问题,可以通过内点算法进行有效的求解。尤其是 Gahient 为 Matlab 开发的 LMI 工具箱使得 LMI 得到了更广泛的应用,所以近年来基于 LMI 的控制系统设计得到广泛应用,尤其是被用于求解 H_∞ 最优(次优)控制器之中,但是一些多目标优化问题的解不能通过求解 LMI 问题来获得,H_2/H_∞ 混合优化问题就是其中之一。为了使 LMI 问题用于求解 H_2/H_∞ 混合优化问题,不得不限定一些保守性假设或是求解近似性能[20]。近年来,关于 LMI 方法的研究型文献也层出不穷[19,34-41]。1996 年 Shih Don Yen 在其博士论文中[30],将 H_2/H_∞ 混合控制问题转化为 Goh 和 Safonov 提出的仿射矩阵不等式(Biaffine Matrix Inequality,BMI)问题,Goh 和 Safonov 讨论了 BMI 的双凸特性及其几何表现形式,并且建议采用类似用 $D-K$ 迭代求解 μ 综合问题的解法,通过转化为两个 LMI 问题来求解 BMI 问题。在 Yen 的论文中,给出了一个通过 BMI 求解 H_2/H_∞ 混合控制问题的定常状态反馈情况和定常输出反馈情况的求解算法,并且通过分析指出当闭环系统不可观时求解 BMI 问题十分困难[20]。

在文献[42]中,B. Halder 和 T. Kailashi 指出 Rotea 和 Khargonekar 在文献[28]中的解法存在的两个问题:①基于辅助代价函数的控制器设计可能使系统的 H_2 性能不如 H_∞ 中心控制器;②这种解法不能扩展为双输入/双输出的情况。针对这两个问题 B. Halder 和 T. Kailath 提出了针对系统 H_2 范数性能指标(而非辅助代价函数)的基于 BMI 的优化算法。

1994 年,Limebeer、Anderson 和 Hendel 首次将用于经济学分析的博奕论中的 NASH 均衡理论用于 H_2/H_∞ 混合

优化问题的求解,他们提出了通过求解 NASH 均衡问题来求解状态反馈 H_2/H_∞ 混合控制问题的方法。由于双人非零和对策具有两个性能判据,用其中的一个性能指标来反映系统的 H_∞ 性能约束,用另一个性能指标来反映 H_2 优化性能指标的 Riccati 方程组的解所确定的状态反馈控制律。这一问题解的形式为由系统数学模型的参数和耦合 Riccati 方程组可以通过标准的数值积分的方法来求解。在文中作者还给出了 NASH 均衡对策问题存在的充要条件。在 Limebeer 等人研究成果基础上,日本学者 Takashi Murakami 等人分析并给出了通过非零和 NASH 均衡问题求解输出反馈 H_2/H_∞ 混合控制问题的方法。指出通过假设 H_2/H_∞ 混合控制器具有分离的 H_2 和 H_∞ 控制器结构,H_2/H_∞ 混合控制器的反馈和观测器增益可以通过求解 5 个耦合的 Riccati 方程来决定。通过分析所得到的 Riccati 方程,得出了 H_2 控制和 H_∞ 控制是 H_2/H_∞ 混合控制问题的特例的结论。值得一提的是用 NASH 均衡的方法求解 H_2/H_∞ 混合控制问题与其他方法相比最大的优点是系统的 H_2 性能是针对系统的最坏情况而不是标称系统进行优化的[20]。

20 世纪 60 年代由 Holland 和他的学生们提出的遗传算法虽然最初不是专门为解决优化问题而研究的,但随着其在优化问题中的广泛应用得到发展和深入。目前在控制界所讨论的遗传算法一般来说都是针对优化问题的。H_2/H_∞ 混合优化问题是一个多目标优化问题,很自然众多的学者对用遗传算法求解 H_2/H_∞ 混合优化问题产生了浓厚的兴趣。1994 年 Yuan Lisong 和 Jiang Weisun 首先将遗传算法用于一类修正的 H_2/H_∞ 混合优化问题的求解[43]，他们利用遗传算法在 H_∞ 中心解构成的解空间内进行寻优，寻找满足 H_2 性能指标的最优解。在文献[44]中作者对用遗传算法求解 H_2/H_∞ 混合最优 PID 控制器进行了研究，具体方法是通过 Routh – Hurwitz 判据，得出使标称系统稳定的 PID 参数空间，在此空间内利用遗传算法寻找同时满足 H_∞ 性能指标和 H_2 性能指标的最优解。在文献[45]中作者提出了一种基于遗传算法的固定阶 H_2/H_∞ 混合控制器求解方法，其主要思想是用遗传算法最小化用 ISE（误差平方积分）来表征的 H_2 性能指标，同时保证系统 H_∞ 是鲁棒稳定性性能指标约束。在文献[46]中作者用 H_2/H_∞ 混合优化的方法设计了 STT 导弹多控制器自动驾驶仪，其中控制器采用了固定结构，H_2/H_∞ 混合优化问题的求解采用了浮点数编码的遗传算法，在由前置放大系数、内环放大系数和积分常数构成的参数空间内寻优。仿真结果表明与采用原有控制算法相比系统具有更好的时域特性和频域特性。有关遗传算法在 H_2/H_∞ 混合优化中的应用的文献还有文献[47 – 49]等。

在 H_2/H_∞ 混合优化理论得到迅速发展的同时，在工程实践中也得到了广泛的应用，较有代表性的有，在文献[50]中作者针对一个具有不确定性柔性伺服系统的高带宽控制问题，设计了具有 H_2/H_∞ 混合优化指标的静态和动态固定阶控制器。并且用 DSP 实现这一 H_2/H_∞ 控制器，取得了较好的鲁棒稳定性和鲁棒性能。文献[51]中F-16战斗机控制系统的设计实例表明，H_2/H_∞ 混合输出反馈控制器可以在系统鲁棒稳定性和鲁棒性能之间取得很好的折中，这是 LQG 控制和 H_∞ 控制很难达到的。在文献[52,53]中，作者用 H_2/H_∞ 优化设计的方法设计了潜水器的水平和俯仰两个方向的控制系统，水流动态、系统时滞和模型扰动在设计中得到充分考虑，取得了良好的控制效果。文献[54]中，H_2/H_∞ 混合控制在高纯度蒸馏塔中的应用更是解决了同时困扰化工行业和控制界的难题。文献[55]中，利用混合 H_2/H_∞ 鲁棒控制技术，研究飞机纵向控制系统的综合问题。针对飞机控制系统含有大量的非线性和不确定因素，用混合 H_2/H_∞ 鲁棒控制方法设计线性状态反馈控制器，使飞机控制系统在鲁棒稳定条件下，满足一定的性能指标。在国产某飞机纵向控制系统中的应用表明，所提出的方法是实用的和有效的。文献[56]中，运用 H_2/H_∞ 鲁棒控制技术设计了某型飞行器运动控制系统。用小扰动方法对飞行器非线性运动控制系统进行线性化，之后建立了混合 H_2/H_∞ 鲁棒控制问题的系统模型，设计了 H_2/H_∞ 鲁棒控制器，使飞行器运动系统有较大的鲁棒稳定性，同时满足一定的鲁棒性能要求。文中利用 LMI 方法求解，避开了求解耦合的两个 Riccati 方程，虽然在计算中引进了约束条件，引入了一定的保守性，但换来了计算的方便和有效。在某飞行器纵向运动控制系统中的应用表明:混合控制方法是实用的、有效的,对提高飞行器控制性能有一定的作用。

此外,H_2/H_∞混合控制方面的研究还包括非线性控制问题、时滞系统的控制问题、奇异控制问题、降阶次最优问题、离散次最优问题、H_2/H_∞混合最优控制器的参数化求解方法等。但这些问题和上文所述的H_2/H_∞法在本质上也没有太大的不同。

1.1.4 结构奇异值μ方法

在实际控制问题中,系统的不确定性往往具有已知的结构。鲁棒控制系统的设计必须体现这个已知的结构,否则将导致严重的保守性。由于小增益定理在结构型不确定性设计时不能体现这种不确定性结构,从而可能导致保守性增大。为了克服这种保守性,1982 年 Doyle 首次提出了新的鲁棒分析工具——结构奇异值的概念,并在此基础上逐渐形成了μ综合理论[60,61]。利用μ方法,可以很好地降低鲁棒控制系统设计的保守性,把鲁棒稳定性和鲁棒性能统一起来考虑。在μ综合理论的算法方面,许多学者做了大量的研究工作。这一理论的基本思想是:将一个具有回路多点独立的有界范数摄动化为块对角摄动结构,然后给出判断系统鲁棒稳定的充要条件。这一理论同时兼顾了系统的稳定鲁棒性和性能鲁棒性,是鲁棒控制理论中的一个重要分支。目前,μ综合主要是通过$D-K$迭代来实现的[77]。尽管$D-K$迭代法在理论上还未证明其收敛性,但在工程应用上已经取得了很好的效果。考虑到 $\boldsymbol{D}-\boldsymbol{K}$ 迭代法不能保证收敛到全局最小,于是后来提出了一种改进方法,即 $\mu-\boldsymbol{K}$ 迭代法[62]。$\mu-\boldsymbol{K}$ 迭代没有给出最小值,但它可以通过用 $\boldsymbol{D}$ 矩阵尺度 $\boldsymbol{M}$ 得到较好的结果。

1.1.5 鲁棒控制的求解方法

鲁棒控制早期的一种设计方法是 Riccati 方程处理方法。它是通过将系统的鲁棒控制设计问题转化为一个 Riccati 型矩阵方程的可解性问题,进而应用求解 Riccati 方程的方法给出系统具有给定鲁棒性能的条件和鲁棒控制器的设计方法。但在现有的 Riccati 方程处理方法中,还缺乏寻找待定参数最佳值的方法,这种人为确定参数的方法给鲁棒控制的设计结果带来了很大的保守性。另一方面,Riccati 型矩阵方程本身的求解还存在一定的问题。

20 世纪 90 年代初,一种基于线性矩阵不等式(Linear Matrix Inequalities)约束的凸优化方法在国外控制理论界引起了广泛的关注。许多鲁棒控制问题就可以转化为一个线性矩阵不等式系统的可行性问题,或者一个具有线性矩阵不等式约束的凸优化问题。这样就可以把 Riccati 方程转化为线性矩阵不等式,用求解线性矩阵不等式的方法求解这些鲁棒控制问题,从而促进了线性矩阵不等式方法在鲁棒控制领域中的应用。

1994 年,Gahinet 给出了基于线性矩阵不等式的控制器的参数化表示,它比 Riccatti 方程处理方法具有更多的优点[62]。利用线性矩阵不等式方法可以根据问题可解的凸约束条件,求解凸优化问题从而设计满足性能要求的控制器,这大大提高了控制器设计的可行性。俞立等针对具有两个不同被调输出的一类不确定离散时间系统,用一个线性矩阵不等式的可行解给出了所有保性能控制律的参数化表示,进而通过建立和求解一个凸优化问题,给出了 H_2/H_∞ 最优保性能控制律设计方法[85,125]。由于线性矩阵不等式的良好特性,以及 MATLAB 软件中的线性矩阵不等式工具箱的出现,对鲁棒控制问题的分析和综合带来了很大的方便,使该方法得到了广泛应用[63-70,73-76]。

1.2 | 鲁棒控制的应用及鲁棒飞行控制研究现状

H_∞ 控制理论是目前解决鲁棒控制问题比较成功且比较完善的理论体系,其应用十分广泛[71-73]。H_∞ 控制器用于泵控马达伺服系统,把经内环整定后的伺服电机扩展为增广对象 $P(s)$,对其求解标准 H_∞ 设计问题,得到具有很强鲁棒性的速度控制器。将 H_∞ 控制器用于船舶自动舵控制也取得了满意的效果,应用 H_∞ 控制研究具有冲击影响的宏观经济系统控制问题,并能够根据实例给出政府政策和公众预期宏观经济 H_∞ 控制的状态反馈解。H_∞ 控制指标在时域的本质是"最大最小"问题,其系统意义是选择控制策略,使观测输出最大扰动最小。相应于证券组合投资问题,使收益最大、风险最小[77]。H_∞ 控制还用于机器人,带弹簧的平板车、柔性摆的控制器设计。由于实际情况各不相同,在应用 H_∞ 方法时一般都需对 H_∞ 方法作改进和修正。

虽然 H_∞ 控制理论是目前解决鲁棒控制问题比较成功且比较完善的理论体系,然而从实际中可知,H_∞ 设计方法虽然将鲁棒性直接反应在系统的设计指标中,不确定性反映在相应的加权函数上,但它"最坏情况"下的控制却导致了不必要的保守性;另外 H_∞ 优化控制方法仅仅针对鲁棒稳定性而言,忽略了对鲁棒性能的要求。因此,鲁棒多变量反馈系统设计方法一直存在的困难,是不能够在统一框架下同时处理性能指标与鲁棒稳定的折中问题。与 H_∞ 同时期发展的 μ 理论则考虑到了结构的不确定性问题,它不但能够有效地、无保守性地判断"最坏情况"下摄动的影响,而且当存在不同表达形式的结构化不确定性情况时,能分析控制系统的鲁棒稳定性和鲁棒性能问题[77]。

1990 年以来,美国、德国以及荷兰等国的一些研究机构对鲁棒飞行控制展开了一系列的研究,取得了很多仿真和实验结果。国内的部分科研院所也一直在进行相关的研究。

Dale F. Enns 用结构奇异值的方法得到了火箭上升穿越大气层时保持其稳定的控制规律[77]。由俯仰角速度陀螺感知飞行器内不稳定的俯仰运动,运用这种规律通过调节推力作用,使飞行器稳定的飞行。M. Steinbuch 分析了当系统同时存在复数和实数不确定性时不确定性的建模和计算稳定边界的鲁棒性问题,并将此运用到电机定位装置上。Eicher Low 等结合 μ 综合方法和特征结构配置方法,分析直升机飞行控制系统的鲁棒性问题。

Doyle 等人在文献[80]中应用 H_∞ 鲁棒控制方法对航天飞机重返大气层的侧轴飞行控制系统进行了设计;文献[81]中,Safonov 对飞机俯仰轴控制系统和对大型空间结构的控制系统进行了鲁棒设计;文献[82]中则将鲁棒控制应用到了同步涡轮发动机的控制中;文献[83]对火箭穿越大气层时的稳定控制进行鲁棒控制器的设计;文献[85,86]则讨论了鲁棒控制理论在船舶自动舵中的应用;文献[87,88]中则给出了一些鲁棒控制应用于船舶控制的实际结果。

此外,文献[57]中介绍了应用 H_∞ 控制理论的混合灵敏度方法,设计了某型飞机俯仰角运动的 H_∞ 鲁棒控制器,并给出了详尽的控制算法,推导了权函数应满足的条件,并对设计的 H_∞ 控制器进行了仿真,得到了满意的控制效果。文献[58]研究运输机的自动着陆问题,分析了运输机自动着陆的过程与特点,采用结构奇异值 μ 综合的控制系统设计方法,设计了运输机的二级自动着陆控制律,实现对理想下滑线精确跟踪;并对系统的鲁棒性进行了分析。仿真结果表明,在存在飞机模型不确定性、测量噪声和外界阵风干扰的情况下,所设计的自动着陆控制律满足运输机的自动着陆要求。文献[89]对作 Herbst 特技飞行的 F/A – 18 战斗机采用混合加权灵敏度的 H_∞ 方法设计了一个带 LQG 内环的控制器。因为对某一飞行条件设计的 H_∞ 控制器,只能保证该条件下的性能鲁棒性。为此采用一个外加的 LQG 内环,降低了不确定模型之间的距离,减小了不同模状态下的模型不确定性。该方法既保证了鲁棒性,又降低了计算量,简化了控制器,对飞行轨迹具有近似解耦的跟踪性能。文献[90]把 STOVL(Short Take-off and Vertical Landing)飞机的综合飞行/推进系统设计问题化为一个 H_∞ 最优控制综合问题,得到的控制器具有对建模不确定性及飞行条件模型参数变化的鲁棒性。文献[91]对 STOVL 应用预置增益的标准互质分解的 H_∞ 方法设计控制器,为使系统满足一定的性能要求,采用超前、滞后补偿先对传递函数成型。该方法的一个突出优点是不必迭代优化,最优指标 M 可以直接求得。文献[92]对两输入两输出飞机高度轴控制的例子应用 H_∞ 方法,达到了预期的稳定裕度和抗干扰指标。H_∞ 方法与频率加权的 LQG 方法相比,设计性能更好,具有更高的频宽及更大的稳定裕度,又不必像 LQG 那样调节加权系数。文献[93]对旋翼式直升机采用 H_∞ 方法,把鲁棒性问题转化为模型匹配问题求解,仿真结果表明,其频域性能较好。文献[94]中为多变量垂直短距起降飞行控制系统设计了 LQG/LTR 和 H_∞ 两个鲁棒控制器,并作了对比。LQG/LTR

方法是一个整形和成形开环奇异值的系统设计方法,而 H_∞ 控制方法是通过定义合适的加权函数来得到良好的动态性能和鲁棒性。对比的结果是,LQG 方法需要速率反馈来增加闭环系统的阻尼,而 H_∞ 控制方法只要选择合适的加权函数就可以得到满意的性能。文献[95]中为 Bell 205 直升机线性化模型设计的 H_∞ 鲁棒控制器进行飞行测试,根据设计标准 ADS-33 做了定性和定量的评价和分析,这些都为将来计划的飞行测试提供了必要的测试结果。文献[96]中为了提高直升机的稳定性、机动性以及敏捷性而设计了 H_∞ 飞行控制系统。文献[97]针对超低空空投中对姿态控制和航迹控制精度的特殊要求,需要精心设计其控制器,并具有良好的鲁棒性能,从而抑制环境变化所带来的扰动;通过对超低空空投的过程研究,设计了超低空空投的航迹,在此基础上设计了基于 LMI 的超低空空投纵向 H_∞ 飞行控制律,并进行仿真,仿真结果显示 H_∞ 控制器能很好地满足预期性能指标并能抑制干扰,从而验证了控制方案的可行性。文献[98]中提出了用 μ 综合控制方法设计 MAV 鲁棒飞行控制器,并对控制器进行了评价,得到了满意的效果。文献[99]利用 μ 综合控制方法设计大型民用运输机的自动着陆控制律。文献[100]分析和设计了垂直起降飞行器的多变量飞行控制系统。同时,用 μ 综合控制方法设计的飞行控制系统使得飞行器在大的飞行包线内稳定,同时得到几乎总是解耦的结果。文献[101]针对飞控系统设计中存在的建模误差以及实际飞行中的外界干扰的影响,采用 μ 综合控制方法,根据系统的飞行品质及设计要求,构造了纵向姿态控制系统 μ 综合控制设计框架,选取了不同环节的权函数。数字仿真表明,所设计的某型无人机飞控系统具有良好的性能。

近年来,美国洛克希德·马丁公司也开展了鲁棒控制理论在飞行控制系统设计中的研究[102],其为美国空军 Wright 实验室所做的试验中,用 μ 综合控制方法分别对由 F-16 改装的带有推力矢量和垂直鸭翼的飞机的纵向短周期、短周期加长周期、短周期加实参数摄动的三个模态以及 F-117 隐身战斗机侧向模态进行了巡航鲁棒控制律设计,并进行了试飞验证,取得了相当多的实际研究成果。美国的 NASA Dryden Flight Research Center 也用 H_∞ 控制方法对 F/A-18 HARV 飞机进行了飞行控制系统的设计与仿真验证。此外,近些年来鲁棒控制方法在无人机和直升机的控制中也有了很多应用。

小结

目前提出的一些鲁棒控制方法,包括一些自适应控制等都不可避免地要依赖于对系统数学模型的精确数学分析,所以对线性系统取得的成果较多,而对时变非线性系统则成果不多,因为后者很难精确数学描述。而鲁棒控制设计又离不开以一定精确的数学模型为依据,这就是矛盾,这个矛盾若没有好的方法加以克服,鲁棒性强的控制将难以得到。这点对时变非线性系统尤其突出。因此,在这方面需要在概念上和方法上有新的创造。

目前,鲁棒控制已形成了一个方法多样、成果丰硕、内容广泛的格局,许多成果已在实际中得到了广泛的应用。然而,对于非线性系统由于问题本身的复杂性,其研究还只能算是起步的,大量问题还有待进一步深入探讨。充分利用各种方法的特点,有机地结合其中几种方法较之孤立地研究某一方法要有效得多,几种方法结合会为非线性鲁棒控制的研究开辟新的方向。

近年来发现,许多鲁棒控制问题均与线性不等式(LMI)密切相关,可将系统的鲁棒控制问题转化为 LMI 来求解。因此基于 LMI 的凸优化方法成为当今研究的热点之一,且将来在这方面的研究成果将越来越多。

发展任何一种控制理论的最终目的都是为了实际应用。随着鲁棒控制理论向着工程应用方面的发展,利用它来控制化工、冶金等工业过程中广泛存在的时滞问题引起了控制界的关注,时滞系统的鲁棒控制成为新的研究热点。同时关于鲁棒控制理论应用于航空、航天及航海等领域的研究也是具有挑战性的课题。近十多年来鲁棒控制研究的最新成果,特别是在鲁棒稳定性理论,线性系统的 H_∞ 控制,μ 分析和 μ 综合,大系统分散优化控制的 H_∞ 方法,非线性系统鲁棒控制的 H_∞ 和 μ 方法等方面的论述具有重要意义。

鲁棒控制理论的应用不仅仅用在工业控制中,它被广泛运用在经济控制、社会管理等很多领域。随着人们对于控制效果要求的不断提高,系统的鲁棒性会越来越多地被人们所重视,从而使这一理论得到更快的发展。

鲁棒控制理论概述
Overview of Robust
Control Theory

第2章

鲁棒控制基础

2.1 | 数学预备知识

2.1.1 空间与范数

1. 距离空间

设 W 是非空集合,若对任意一对元素 $x,y \in W$,均存在对应定值 $d(x,y)$ 满足下列条件:

(1) $d(x,y) \geqslant 0$ ($d(x,y) = 0$,当且仅当 $x = y$);

(2) $d(x,y) \leqslant d(x,z) + d(z,y)$ ($x,y,z \in W$)。

则称 $d(x,y)$ 是 x 与 y 之间的距离。W 按距离 $d(x,y)$ 称为距离空间,记为 (W,d),W 中的元素称为点。

在 n 维欧几里得空间 E^n 中,对于 $\boldsymbol{x} = (x_1,\cdots,x_n)^{\mathrm{T}}$,$\boldsymbol{y} = (y_1,\cdots,y_n)^{\mathrm{T}} \in E^n$,定义

$$d(\boldsymbol{x},\boldsymbol{y}) = \left[\sum_{i=1}^{n} (x_i - y_i)^2 \right]^{1/2}$$

易证 $d(\boldsymbol{x},\boldsymbol{y})$ 满足距离的条件(1)和(2),此距离又称为欧几里得距离。

2. 线性赋范空间

设 X 是复数域 $\mathbf{C}$ 上的线性空间。若 X 上定义的实值函数 $f(\boldsymbol{x}):\boldsymbol{x} \to \mathbf{R}$ 满足下列条件:

(1) $f(\boldsymbol{x}) \geqslant 0$,$\forall \ \boldsymbol{x} \in X$,$\forall \ a \in \mathbf{R}$;

(2) $f(a\boldsymbol{x}) = |a|f(\boldsymbol{x})$,$\forall \ \boldsymbol{x} \in X$,$\forall \ a \in \mathbf{R}$;

(3) $f(\boldsymbol{x} + \boldsymbol{y}) \leqslant f(\boldsymbol{x}) + f(\boldsymbol{y})$,$\forall \ \boldsymbol{x},\boldsymbol{y} \in X$。

则称 $f(\boldsymbol{x})$ 为 $\boldsymbol{x}$ 的半范数。

若 $f(\boldsymbol{x})$ 还满足 $f(\boldsymbol{x})=0$（当且仅当 $\boldsymbol{x}=0$），则称 $f(\boldsymbol{x})$ 为 $\boldsymbol{x}$ 的范数，记为 $\|\boldsymbol{x}\|$。而 X 按范数 $\|\cdot\|$ 称为线性赋范空间，记为 $(X,\|\cdot\|)$。例如

$$\|\boldsymbol{x}\|_2=\Big(\sum_{i=1}^{n}x_i^2\Big)^{1/2},\ \|\boldsymbol{x}\|_1=\sum_{i=1}^{n}|x_i|,$$
$$\|\boldsymbol{x}\|_{\infty}=\max_{1\leqslant i\leqslant n}|x_i|$$

均为 $\boldsymbol{x}$ 的范数，其中 $\|\boldsymbol{x}\|_2$ 为欧式范数。可见，同一个空间上可以定义多种范数。

3. Banach 空间

设 (W,d) 是距离空间，$\{x_n\}$ 为 W 中的点列。若对任意 $\varepsilon>0$，存在着 $N(\varepsilon)>0$，使得当 $i,k\geqslant N(\varepsilon)$ 时，有 $d(x_i,x_k)<\varepsilon$，则称 $\{x_n\}$ 为 W 中的 Cauchy 序列。

在复数域中，点列收敛的充要条件为它是 Cauchy 序列，但在一般的距离空间中，Cauchy 序列未必是收敛点列。

若距离空间 W 中的任一 Cauchy 序列均收敛于 W 中的点，则称 W 是完备空间。完备的线性赋范空间称为 Banach 空间。

设 S 是 Banach 空间 X 的一个线性子集，如果满足

$$\boldsymbol{x}+\boldsymbol{y}\in S,\ \forall\,\boldsymbol{x},\boldsymbol{y}\in S;c\boldsymbol{x}\in S,\ \forall\,\boldsymbol{x}\in S,\forall\,c\in\mathbf{C}$$

则 S 是 X 的一个线性子空间。进而，如果 S 中的每一个在 X 中收敛的点列，在 S 中均有极限，则称 S 是闭子空间。

4. Hilbert 空间

设 H 是数域 F 上的线性空间。若对于任意 $x,y \in H$，均对应一个数 $\langle x,y \rangle \in F$，满足下列条件：

（1）$\langle x,y \rangle = \overline{\langle y,x \rangle}$，$\forall x,y \in H$；

（2）$\langle x,\alpha y + \beta z \rangle = \alpha \langle x,y \rangle + \beta \langle x,z \rangle$，$\forall x,y,z \in H$，$\forall \alpha,\beta \in F$；

（3）$\langle x,y \rangle = 0$，$\forall x \in 0$（当且仅当 $x = 0$）

则称 $\langle x,y \rangle$ 为 H 中的内积。当 F 为复数域 $\mathbf{C}$（或实数域 $\mathbf{R}$）时，称 H 为复（实）内积空间。

对于 $x \in H$，定义

$$\| x \| = (\langle x,x \rangle)^{1/2}$$

则 $\| x \|$ 是 x 的一个范数，称为由内积 $\langle x,x \rangle$ 导出的范数。如此，内积空间按其导出范数称为线性赋范空间。由导出范数又可以引出距离 d，从而可以定义点列的收敛和极限。

完备的内积空间称为 Hilbert 空间。

5. 时域函数空间

$L_2(-\infty,+\infty)$ 空间：考虑所有平方可积函数 $x(t)$：$\mathbf{R} \to \mathbf{C}^{m \times 1}$ 所构成的函数空间，即对于 $x(t) \in \mathbf{C}^{n \times t}(-\infty < t < +\infty)$，有

$$\int_{-\infty}^{\infty} \| x(t) \|_2^2 \mathrm{d}t < \infty \qquad (2-1)$$

在 $L_2(-\infty,+\infty)$ 上，定义内积为

$$\langle x,y \rangle = \int_{-\infty}^{\infty} x^{\mathrm{T}}(t)y(t)\mathrm{d}t, \ x(t),y(t) \in L_2(-\infty,+\infty)$$

这使 $L_2(-\infty, +\infty)$ 成为一个 Hilbert 空间。对应导出的范数为 L_2 范数,其定义为

$$\| \boldsymbol{x}(t) \|_2 = [\langle \boldsymbol{x}, \boldsymbol{x} \rangle]^{1/2} = \left(\int_{-\infty}^{\infty} \boldsymbol{x}^{\mathrm{T}}(t) \boldsymbol{x}(t) \, \mathrm{d}t \right)^{1/2}$$

$$= \left(\int_{-\infty}^{+\infty} \left| \boldsymbol{x}(t) \right|^2 \mathrm{d}t \right)^{1/2} \qquad (2-2)$$

式中:积分为 Lebesgue 积分。假如 $\boldsymbol{x}(t)$ 是通过 1Ω 电阻的电流,那么瞬时功率等于 $\boldsymbol{x}^2(t)$,总的能量等于它的积分,即 $\| \boldsymbol{x}(t) \|_2^2$。这样,$\boldsymbol{x}^2(t)$ 可以被广义地认为是信号 $\boldsymbol{x}(t)$ 的瞬时功率,而它的 L_2 范数的平方可以认为是信号的能量。因此,信号的 L_2 范数是信号能量大小的一种度量。

6. 频域函数空间

1) L_2 空间

考虑定义在所有频率上,取值于 $\mathbf{C}^{n \times 1}$,且对 ω 平方可积的复函数向量 $\boldsymbol{x}(\mathrm{j}\omega)$ 的全体构成的空间,即满足

$$\int_{-\infty}^{\infty} \boldsymbol{x}^{\mathrm{T}}(\mathrm{j}\omega) \boldsymbol{x}(\mathrm{j}\omega) \, \mathrm{d}\omega < \infty \qquad (2-3)$$

的函数向量 $\boldsymbol{x}(\mathrm{j}\omega)$ 的集合。

相应的 L_2 范数可定义为

$$\| \boldsymbol{x}(\mathrm{j}\omega) \|_2 = \left(\frac{1}{2\pi} \int_{-\infty}^{+\infty} \mathrm{tr}(\boldsymbol{x}^*(\mathrm{j}\omega) \boldsymbol{x}(\mathrm{j}\omega)) \, \mathrm{d}\omega \right)^{1/2}$$

$$(2-4)$$

RL_2 空间为

$$RL_2 = \{ \boldsymbol{x} \mid \boldsymbol{x} \in L_2, \boldsymbol{x} \text{ 为实有理函数向量} \}$$

2）H_2 空间

H_2 空间是在开右半平面 Re $s > 0$ 上解析，在 $\mathbf{C}^{n \times 1}$ 上取值，且满足如下一致平方可积函数向量 $x(s)$ 全体构成的空间，即

$$\left[\sup_{\zeta > 0} \frac{1}{2\pi} \int_{-\infty}^{\infty} \| x(\zeta + j\omega) \|^2 d\omega \right]^{1/2} < \infty$$

将上式左边定义为 $x(s)$ 的范数 $\| x(s) \|_2$，那么，H_2 空间按此范数成为 Banach 空间。

RH_2 空间为

$$RH_2 = \{ x \,|\, x \in H_2, x \text{ 为实有理函数向量} \}$$

RH_2 为 Re $s \geqslant 0$ 内无极点的严格真实有理函数向量全体所构成的空间。

3）L_∞ 空间

L_∞ 空间是由 $j\mathbf{R} \to \mathbf{C}^{m \times n}$，且满足

$$\sup_{\omega} \overline{\sigma}[F(j\omega)] < \infty$$

的函数矩阵 $F(s)$ 全体构成的空间。其中 $\overline{\sigma}[F(j\omega)]$ 表示 $F(j\omega)$ 的最大奇异值，此空间按范数

$$\| F \|_\infty = \sup \{ \overline{\sigma}[F(s)] \,|\, \text{Re } s > 0 \} \quad \| F \|_\infty = \sup_{\omega} \overline{\sigma}[F(j\omega)]$$

构成 Banach 空间。

RL_∞ 空间：由 L_∞ 空间中实有理函数矩阵全体构成。可见，RL_∞ 空间是由虚轴上无极点的真实有理函数矩阵的全体构成。

4）H_∞ 空间

H_∞ 空间由 $\mathbf{C} \to \mathbf{C}^{m \times n}$，且满足

$$\sup \left\{ \overline{\sigma}[\boldsymbol{F}(s)] \,|\, \mathrm{Re}\, s > 0 \right\} < \infty$$

的函数矩阵 $\boldsymbol{F}(s)$ 全体构成的空间。定义

$$\| \boldsymbol{F}(s) \|_{\infty} = \sup \left\{ \overline{\sigma}[\boldsymbol{F}(s)] \,|\, \mathrm{Re}\, s > 0 \right\}$$

为 $\boldsymbol{F}$ 的范数。

RH_{∞} 空间是由 $\mathrm{Re}\, s \geqslant 0$ 内无极点的真实有理函数矩阵全体所构成的空间。

上面所定义的 H_2 空间和 H_{∞} 空间通常一起称为 Hardy 空间。

7. 系统的 H_2 范数和 H_{∞} 范数

对于一个稳定的线性时不变系统,其严格真传递函数矩阵 $\boldsymbol{G}(s)$ 的 H_2 范数定义为

$$\| \boldsymbol{G}(s) \|_{2} = \left(\frac{1}{2\pi} \int_{-\infty}^{+\infty} \mathrm{tr}\left[\boldsymbol{G}^{*}(\mathrm{j}\omega) \boldsymbol{G}(\mathrm{j}\omega) \right] \mathrm{d}\omega \right)^{1/2}$$

$$(2-5)$$

严格真传递函数矩阵 $\boldsymbol{G}(s)$ 的 H_{∞} 范数定义为

$$\| \boldsymbol{G}(s) \|_{\infty} = \sup_{\omega} \overline{\sigma}[\boldsymbol{G}(\mathrm{j}\omega)] \qquad (2-6)$$

式中:$\overline{\sigma}(\,\cdot\,)$ 代表最大奇异值。

当 $\boldsymbol{G}(s)$ 是标量传递函数时,其 H_2 范数和 H_{∞} 范数分别定义为

$$\| \boldsymbol{G} \|_{2} = \left(\frac{1}{2\pi} \int_{-\infty}^{+\infty} |\, G(\mathrm{j}\omega) \,|^{2} \mathrm{d}\omega \right)^{1/2} \qquad (2-7)$$

$$\| \boldsymbol{G} \|_{\infty} = \max_{\omega} |\, G(\mathrm{j}\omega) \,| \qquad (2-8)$$

此时,传递函数 $G(s)$ 的 H_{∞} 范数是其 Bode 图(图 2 – 1

(a))中增益的最大幅值,或者是其向量图(图 2 - 1(b))中从原点起的最大距离。

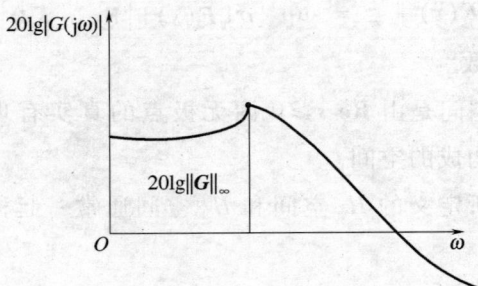

(a) Bode 图

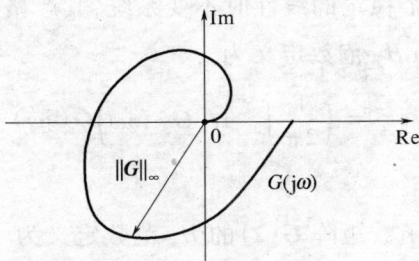

(b) 向量图

图 2 - 1 $G(s)$ 的 H_∞ 范数

关于 H_2 范数和 H_∞ 范数之间的关系,有下述定理:

对于系统的传递函数矩阵 $G(s) \in H_\infty$,有

$$\| G \|_\infty = \sup_{w \in H_2} \frac{\| Gw \|_2}{\| w \|_2} \qquad (2 - 9)$$

通过上式可以看出,H_∞ 范数实际上是 H_2 范数的诱导范数。若 $G(s) \in H_\infty$ 为系统的传递函数矩阵,而 $z = G(s)w$ 为系统的输出,则

$$\|\boldsymbol{G}\|_\infty = \sup\left\{\frac{\|z\|_2}{\|w\|_2}, w \in H_2, \|w\|_2 \neq 0\right\}$$

$$(2-10)$$

现给定系统 $\boldsymbol{G} \in RH_\infty$，假设 $w \in H_2$ 为系统所承受的外界干扰信号，则从以上定理可知 $\boldsymbol{G}$ 的 H_∞ 范数代表的是系统对干扰信号的抑制或者抗干扰能力。这样，在讨论 H_∞ 控制时可粗略地理解为如何设计控制器使得从干扰到输出的传递函数属于 RH_∞ 且其 H_∞ 范数达到最小或者是在小于某个指定的范围内。

8. H_2 范数和 H_∞ 范数的计算

对于一个稳定的传递函数 $G(s)$ 的实现为 $(\boldsymbol{A}, \boldsymbol{B}, \boldsymbol{C})$。则

$$\|G(s)\|_2^2 = \mathrm{tr}(\boldsymbol{C}\boldsymbol{L}_c\boldsymbol{C}^\mathrm{T}) = \mathrm{tr}(\boldsymbol{B}^\mathrm{T}\boldsymbol{L}_o\boldsymbol{B})$$

$$(2-11)$$

式中：$\boldsymbol{L}_c$ 和 $\boldsymbol{L}_o$ 分别为可控和可观 Gram 矩阵，满足下面的 Lyapunov 方程

$$\begin{cases} \boldsymbol{A}\boldsymbol{L}_c + \boldsymbol{L}_c\boldsymbol{A}^\mathrm{T} + \boldsymbol{B}\boldsymbol{B}^\mathrm{T} = 0 \\ \boldsymbol{A}^\mathrm{T}\boldsymbol{L}_o + \boldsymbol{L}_o\boldsymbol{A} + \boldsymbol{C}^\mathrm{T}\boldsymbol{C} = 0 \end{cases}$$

$$(2-12)$$

对于单变量系统的传递函数 $G(s)$，由 H_2 范数的定义有

$$\|G\|_2^2 = \frac{1}{2\pi}\int_{-\infty}^{+\infty}|G(\mathrm{j}\omega)|^2\mathrm{d}\omega = \frac{1}{2\pi\mathrm{j}}\int_{-\mathrm{j}\infty}^{+\mathrm{j}\infty}G(-s)G(s)\mathrm{d}s =$$

$$\frac{1}{2\pi\mathrm{j}}\oint G(-s)G(s)\mathrm{d}s$$

$$(2-13)$$

式（2 – 13）最后的积分是沿虚轴向上，然后包围左半平面的无穷大的半圆的回路积分。由于 $G(s)$ 是严格真的，则沿无穷大的半圆的积分等于 0。根据留数定理，$\parallel G \parallel_2^2$ 等于 $G(-s)G(s)$ 在它的左半平面极点上的留数之和。

例如：求传递函数

$$G(s) = \frac{1}{\tau s + 1}, \tau > 0$$

的 H_2 范数。由于 $G(-s)G(s)$ 在它的左半平面的极点为 $s = -\dfrac{1}{\tau}$，在这一极点上的留数为

$$\lim_{s \to -\frac{1}{\tau}} \left(s + \frac{1}{\tau}\right) \frac{1}{-\tau s + 1} \frac{1}{\tau s + 1} = \frac{1}{2\tau}$$

它等于 $\parallel G \parallel_2^2$，所以 $\parallel G \parallel_2 = \dfrac{1}{\sqrt{2\tau}}$。

对于 H_∞ 范数的计算，目前还没有像计算 H_2 范数那样精确的公式，一般采用的是近似计算方法。一个标量传递函数 $G(s)$ 的 H_∞ 范数在工程上描述的是复平面上从原点到 $G(s)$ 的 Nyquist 图上最远点的距离，这也表现为 $|G(j\omega)|$ 的 Bode 图上的峰值。因此，原则上一个传递函数的 H_∞ 范数可以从图形上得到。这样，为了得到一个范数的估计值，可以列出一系列频域点 $\{\omega_1, \quad \omega_2, \quad \cdots, \quad \omega_N\}$，然后获得 $\parallel G(s) \parallel_\infty \approx \max\limits_{1 \leqslant k \leqslant N} \overline{\sigma}(G(j\omega_k))$。这一值通常可直接从 Bode 图上读出。

2.1.2 矩阵奇异值

设 $A \in \mathbf{C}^{m \times n}$，且记 $A^* A$ 的 n 个特征值为 $\lambda_i (i = 1, 2, \cdots, n)$，则称 λ_i 的算术方根 $\sigma_i = \sqrt{\lambda_i} (i = 1, 2, \cdots, n)$ 为矩阵 A 的奇异值。

对于复矩阵 A，显然 $A^* A$ 是半正定阵，其特征值 λ_i 均为非负数。因此，奇异值 σ_i 也是非负数。若将其中的非零奇异值排列起来构造一个对角阵，则如下述定理所示，一定存在两个酉矩阵，可以将 A 表示为酉矩阵与该对角阵乘积的形式。该定理称为矩阵的奇异值分解定理。

事实上，Stewart（1973）指出，任何 $n \times m$ 复数值矩阵可以通过

$$A = U \sum V^* \qquad (2-14)$$

分解，其中

$$\sum = \begin{cases} [\ \sum_1 \quad 0\ ] & , \quad n < m \\ \sum_1 & , \quad n = m \\ \left[\begin{array}{c} \sum_1 \\ 0 \end{array} \right] & , \quad n > m \end{cases} \qquad (2-15)$$

$$\sum_1 = \mathrm{diag}\{\sigma_1, \sigma_2, \cdots, \sigma_r\} \qquad (2-16)$$

$$r = \min(n, m) \qquad (2-17)$$

$$\overline{\sigma}[A] = \sigma_1 \geqslant \sigma_2 \geqslant \cdots \geqslant \sigma_r = \underline{\sigma}[A] \geqslant 0$$

$$\qquad (2-18)$$

并且 U 和 V 都是酉矩阵,即

$$\begin{cases} UU^* = U^*U = I \\ VV^* = V^*V = I \end{cases} \qquad (2-19)$$

U 和 V 的列分别是 AA^* 和 A^*A 的右特征向量,并且被称为矩阵 A 的右奇异向量和左奇异向量。AA^* 和 A^*A 的特征值分别用 $\lambda[AA^*]$ 和 $\lambda[A^*A]$ 表示,AA^* 和 A^*A 都是非负的,并且

$$\sigma_i[A] = \lambda_i^{1/2}[AA^*] = \lambda_i^{1/2}[A^*A], \quad i = 1,2,\cdots,r$$
$$(2-20)$$

设 $A \in \mathbf{C}^{m \times n}, x \in \mathbf{C}^n$,则有

$$\sup_{\|x\|_2 = 1} \|Ax\|_2 = \sup_{x \neq 0} \frac{\|Ax\|_2}{\|x\|_2} = \sigma_{\max}(A)$$
$$(2-21)$$

$$\inf_{\|x\|_2 = 1} \|Ax\|_2 = \inf_{x \neq 0} \frac{\|Ax\|_2}{\|x\|_2} = \sigma_{\min}(A)$$
$$(2-22)$$

式中:$\sigma_{\max}(A)$ 和 $\sigma_{\min}(A)$ 分别表示 A 的最大和最小奇异值。

2.1.3 函数的范数

前两节主要讨论了向量和矩阵的范数。实际上,矩阵可以看成是向量空间到向量空间的映射。从几何意义上讲,向量的范数表达的是向量的长度;而矩阵的范数则反映了在这种过程中,向量长度被放大或者缩小的一种"增益"。

在控制工程中,经常要面对各种信号,这些信号通常可以表示为时域或频域函数。而系统在这些信号激励下的响应,同样也可以表示为各种函数。因此,一个系统可以看成是从一个函数空间到另一个函数空间的映射,即算子。与向量和矩阵的情况类似,如果在函数空间上引入范数的概念来表述信号在某种工程意义上的强度,那么,系统作为算子时的范数就反映了系统在传递信号的过程中的一种"增益"。

设 Y 是由某一类函数(或函数向量)组成的集合。若 Y 满足下述性质:

(1) $kf \in Y, \forall k \in \mathbf{R}, \forall f \in Y$;

(2) $f_1 + f_2 \in Y, \forall f_1, f_2 \in Y$。

则称 Y 为 $\mathbf{R}$ 上的线性函数空间,简称函数空间。

本章所涉及的函数空间,其元素均假设为 Lebesgue 可测的。可测函数是指可以通过一个分段连续函数序列来逼近的函数。

下面主要介绍函数的 H_∞ 空间。

H_∞ 空间:在复平面的闭右半平面解析,且在虚轴上其模有上确界的有理复变函数 $f: \mathbf{C} \to \mathbf{C}$ 的全体所构成的集合,即

$$\sup_{\omega} |f(\mathrm{j}\omega)| < \infty \qquad (2-23)$$

设 Y 是 $\mathbf{R}$ 上的一个函数空间,如果函数 $\| \cdot \| : Y \to \mathbf{R}^+$ 满足下述条件:

(1) 齐次性

$$\| kf \| = |k| \times \| f \|, \forall k \in \mathbf{R}, \forall f \in Y$$

（2）三角不等式

$$\|f+g\| \leqslant \|f\| + \|g\|, \forall f, g \in Y$$

则称 $\|\cdot\|$ 为 Y 上的一个半范数。

若函数空间 Y 上的半范数 $\|\cdot\|$ 满足

$$\|f\| = 0 \Leftrightarrow f \overset{a.s}{=} 0 \qquad (2-24)$$

则称 $\|\cdot\|$ 为 Y 上的一个范数。

这里"$\overset{a.s}{=}$"表示等式两边的函数几乎处处相等,即它们在其定义域中除去某个零测集之外是相等的。以下的叙述中不再区分符号"$\overset{a.s}{=}$"和等号"$=$",即若两个信号几乎处处相等,则认为它们等同于同一信号。

对任意函数 $f \in \mathrm{Lp}$,则有

$$\|f\|_p = \left(\int_0^\infty |f(t)|^p \mathrm{d}t \right)^{1/p} \qquad (2-25)$$

定义了 Lp 空间上的一个范数,简称函数 f 的 Lp 范数。

根据式(2-25)的定义,容易验证 $\|\cdot\|_p$ 满足齐次性条件,又由于 Lp 空间函数的可测性,因此非负性条件及式(2-24)成立。

除了 Lp 范数以外,下面主要介绍函数的 H_∞ 范数如下:

（1） H_∞ 范数（标量函数空间）

$$\|f\|_\infty = \sup_\omega |f(\mathrm{j}\omega)|, f(t) \in H_\infty$$

（2） H_∞ 范数（矩阵函数空间）

$$\|T(s)\|_\infty = \sup_\omega \sigma_{\max}[T(\mathrm{j}\omega)], \quad T(s) \in H_\infty^{n \times m}$$

若在线性空间 Y 上定义了一个范数 $\|\cdot\|$，则称 Y 为赋范空间。

具有上述定义的范数的函数空间 H_∞ 为赋范空间。

2.1.4 Riccati 方程

代数 Riccati 方程，是指具有如下形式的矩阵方程：

$$A^\mathrm{T}P + PA + PRP - Q = 0 \qquad (2-26)$$

式中：$P, A, R, Q \in \mathbf{R}^{n\times n}$，且 Q 为对称矩阵，R 为半正定或半负定矩阵。若存在 P 满足上式，则称该 Riccati 方程有解。显然，当 $R = 0$ 时，Riccati 方程（2-26）蜕变为 Lyapunov 方程。

对于 Riccati 方程（2-26），定义 $2n \times 2n$ 维矩阵 E 如下：

$$E = \begin{bmatrix} A & R \\ Q & -A^\mathrm{T} \end{bmatrix}$$

该矩阵通常称为 Riccati 方程（2-26）的 Hamiltonian 矩阵。

设 $\lambda_i (i = 1, 2, \cdots, n)$ 是 E 的 n 个特征值，且 v_i 是与之对应的特征向量（如果 λ_i 中有重复的特征值，则 v_i 含有对应的广义特征向量）。记 $\lambda_i (i = 1, 2, \cdots, n)$ 所对应的 Jordan 标准型为 J，并定义 $2n \times 2n$ 矩阵 T 为

$$T = \begin{bmatrix} v_1 & v_2 & \cdots & v_n \end{bmatrix} \qquad (2-27)$$

则有

$$ET = TJ \qquad (2-28)$$

令 $n \times n$ 维矩阵 T_1 和 T_2 为

$$T = \begin{bmatrix} T_1 \\ T_2 \end{bmatrix}$$

那么,关于 Riccati 方程(2-26)的解,有如下的结论:

若 P 是方程(2-26)的解,则 P 可以表示为

$$P = T_2 T_1^{-1} \qquad (2-29)$$

反之,若 T_1 是非奇异阵,则式(2-29)给出的矩阵 P 是 Riccati 方程(2-26)的解。

2.1.5　线性分式变换

设传递函数阵 $\Theta(s)$ 给定如下:

$$\Theta(s) = \begin{bmatrix} \Theta_{11}(s) & \Theta_{12}(s) \\ \Theta_{21}(s) & \Theta_{22}(s) \end{bmatrix} \qquad (2-30)$$

对于给定的 $\Theta(s)$ 和传递函数阵 $K(s)$,定义线性分式变换(Linear Fractional Transformation,LFT 变换)如下:

$$\mathrm{LFT}(\boldsymbol{\Theta},\boldsymbol{K}) = \Theta_{11}(s) + \Theta_{12}(s)K(s)[I - \Theta_{22}(s)K(s)]^{-1}\Theta_{21}(s) = $$
$$\Theta_{11}(s) + \Theta_{12}(s)[I - K(s)\Theta_{22}(s)]^{-1}K(s)\Theta_{21}(s)$$

考虑如图 2-2(a)所示的二端口网络,并设 $\Theta(s)$ 表示该网络输入信号 u_1、u_2 至输出信号 y_1、y_2 的传递函数阵,即

$$\begin{bmatrix} y_1 \\ y_2 \end{bmatrix} = \Theta(s) \begin{bmatrix} u_1 \\ u_2 \end{bmatrix} \qquad (2-31)$$

令

$$u_2 = \boldsymbol{K}(s)y_2(s) \qquad (2-32)$$

构造如图 2 - 2(b) 所示的反馈系统, 那么, 容易验证, 由 u_1 至 y_1 的闭环传递函数等于

$$\boldsymbol{T}_{y_1u_1}(s) = \mathrm{LFT}(\boldsymbol{\Theta}(s), \boldsymbol{K}(s)) \qquad (2-33)$$

在二端口网络理论中, 与 LFT 变换相似的还有齐次变换(Homogeneous Transformation, HM 变换)。利用 LFT 推导复杂系统的信号传递关系时, HM 变换非常方便。

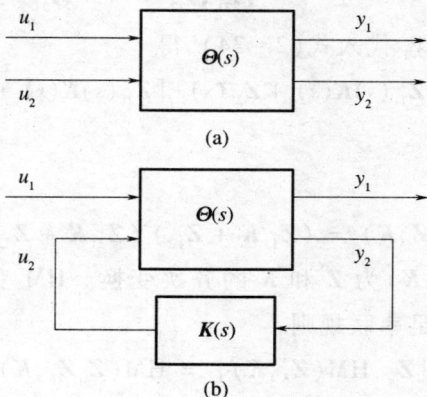

图 2 - 2 LFT 变换与 HM 变换

由式(2 - 31)可知, u_1、u_2 和 y_1、y_2 之间具有如下关系:

$$\begin{cases} y_1 = \boldsymbol{\Theta}_{11}u_1 + \boldsymbol{\Theta}_{12}u_2 \\ y_2 = \boldsymbol{\Theta}_{21}u_1 + \boldsymbol{\Theta}_{22}u_2 \end{cases}$$

设 $\det\boldsymbol{\Theta}_{21} \neq 0$。则有

$$\begin{cases} y_1 = (\boldsymbol{\Theta}_{12} - \boldsymbol{\Theta}_{11}\boldsymbol{\Theta}_{21}^{-1}\boldsymbol{\Theta}_{22})u_2 + \boldsymbol{\Theta}_{11}\boldsymbol{\Theta}_{21}^{-1}y_2 \\ u_1 = -\boldsymbol{\Theta}_{21}^{-1}\boldsymbol{\Theta}_{22}u_2 + \boldsymbol{\Theta}_{21}^{-1}y_2 \end{cases}$$

即

$$\begin{bmatrix} y_1 \\ y_2 \end{bmatrix} = \begin{bmatrix} \boldsymbol{\Theta}_{12} - \boldsymbol{\Theta}_{11}\boldsymbol{\Theta}_{21}^{-1}\boldsymbol{\Theta}_{22} & \boldsymbol{\Theta}_{11}\boldsymbol{\Theta}_{21}^{-1} \\ -\boldsymbol{\Theta}_{21}^{-1}\boldsymbol{\Theta}_{22} & \boldsymbol{\Theta}_{21}^{-1} \end{bmatrix} \begin{bmatrix} u_2 \\ u_1 \end{bmatrix} = \boldsymbol{Z}_s \begin{bmatrix} u_2 \\ y_2 \end{bmatrix}$$

$$(2-34)$$

其中

$$\boldsymbol{Z}(s) = \begin{bmatrix} \boldsymbol{\Theta}_{12} - \boldsymbol{\Theta}_{11}\boldsymbol{\Theta}_{21}^{-1}\boldsymbol{\Theta}_{22} & \boldsymbol{\Theta}_{11}\boldsymbol{\Theta}_{21}^{-1} \\ -\boldsymbol{\Theta}_{21}^{-1}\boldsymbol{\Theta}_{22} & \boldsymbol{\Theta}_{21}^{-1} \end{bmatrix} \quad (2-35)$$

将 $u_2 = \boldsymbol{K}(s)y_2$ 代入式 $(2-34)$,得

$$\boldsymbol{T}_{y_1u_1}(s) = [\boldsymbol{Z}_{11}(s)\boldsymbol{K}(s) + \boldsymbol{Z}_{21}(s)][\boldsymbol{Z}_{21}(s)\boldsymbol{K}(s) + \boldsymbol{Z}_{22}(s)]^{-1}$$

$$(2-36)$$

记

$$\text{HM}(\boldsymbol{Z},\boldsymbol{K}) = (\boldsymbol{Z}_{11}\boldsymbol{K} + \boldsymbol{Z}_{12})(\boldsymbol{Z}_{21}\boldsymbol{K} + \boldsymbol{Z}_{22})^{-1}$$

并称 $\text{HM}(\boldsymbol{Z},\boldsymbol{K})$ 为 $\boldsymbol{Z}$ 和 $\boldsymbol{K}$ 的齐次变换。HM 变换的重要特征就是满足串联规则:

$$\text{HM}\{\boldsymbol{Z}_a, \text{HM}(\boldsymbol{Z}_b, \boldsymbol{K})\} = \text{HM}(\boldsymbol{Z}_a\boldsymbol{Z}_b, \boldsymbol{K})$$

$$(2-37)$$

显然,如果给定的 $\boldsymbol{\Theta}(s)$ 和 $\boldsymbol{Z}(s)$ 满足式 $(2-35)$,则

$$\text{LFT}(\boldsymbol{\Theta}(s), \boldsymbol{K}(s)) = \text{HM}(\boldsymbol{Z}(s), \boldsymbol{K}(s))$$

$$(2-38)$$

且同样可以证明,若 $\det \boldsymbol{Z}_{22} \neq 0$,且

$$\boldsymbol{\Theta}(s) = \begin{bmatrix} \boldsymbol{Z}_{12}\boldsymbol{Z}_{22}^{-1} & \boldsymbol{Z}_{11} - \boldsymbol{Z}_{12}\boldsymbol{Z}_{22}^{-1}\boldsymbol{Z}_{21} \\ \boldsymbol{Z}_{22}^{-1} & -\boldsymbol{Z}_{22}^{-1}\boldsymbol{Z}_{21} \end{bmatrix}$$

$$= \begin{bmatrix} I & -Z_{12}Z_{22}^{-1} \\ O & -Z_{22}^{-1} \end{bmatrix} \begin{bmatrix} O & Z_{11} \\ -I & Z_{21} \end{bmatrix}$$

$$= \begin{bmatrix} I & -Z_{12} \\ O & -Z_{22} \end{bmatrix}^{-1} \begin{bmatrix} O & Z_{11} \\ -I & Z_{21} \end{bmatrix} \quad (2-39)$$

则式(2-38)成立。

2.1.6 线性矩阵不等式

一个线性矩阵不等式(LMI)就是具有形式

$$F(x) = F_0 + x_1 F_1 + \cdots + x_m F_m < 0$$

$$(2-40)$$

的一个表达式。其中 $x_1, \cdots, x_m$ 是 m 个实数变量,称为线性矩阵不等式(2-40)的决策变量,$x = (x_1, \cdots, x_m)^T \in \mathbf{R}^m$ 是由决策变量构成的向量,称为决策向量,$F_i = F_i^T \in \mathbf{R}^{n \times m}$ ($i = 0, 1, \cdots, m$) 是一组给定的实对称矩阵,式(2-40)中的不等号" < "指的是矩阵 $F(x)$ 是负定的,即对所有非零的向量 $v \in \mathbf{R}^n, v^T F(x) v < 0$ 或者 $F(x)$ 的最大特征值小于零。

如果把 $F(x)$ 看成是从 $\mathbf{R}^m$ 到实对称矩阵集 $S^n = \{M: M = M^T \in \mathbf{R}^{n \times n}\}$ 的一个映射,则可以看出 $F(x)$ 并不是一个线性函数,而只是一个仿射函数。因此,更确切地说,不等式(2-40)应该称为一个仿射矩阵不等式。但由于历史原因,目前线性矩阵不等式这一名称已被广泛接受和使用。

在许多系统与控制问题中,问题的变量是以矩阵的形

式出现的。例如,Lyapunov 方程

$$F(X) = A^{\mathrm{T}}X + XA + Q < 0 \qquad (2-41)$$

式中: $A, Q \in \mathbf{R}^{n \times n}$ 是给定的常数矩阵,且 Q 是对称的, $X \in \mathbf{R}^{n \times n}$ 是对称的未知矩阵变量,因此该矩阵不等式中的变量是一个矩阵。设 $E_1, E_2, \cdots, E_M$ 是 S^n 中的一组基,则对任意对称矩阵 $X \in \mathbf{R}^{n \times n}$,存在 $x_1, x_2, \cdots, x_M$,使得 $X = \sum_{i=1}^{M} x_i E_i$。因此,有

$$F(X) = F(\sum_{i=1}^{M} x_i E_i) = A^{\mathrm{T}}(\sum_{i=1}^{M} x_i E_i) + (\sum_{i=1}^{M} x_i E_i)A + Q =$$
$$Q + x_1(A^{\mathrm{T}}E_1 + E_1 A) + \cdots + x_M(A^{\mathrm{T}}E_M + E_M A) < 0$$

如果在式(2-40)中用"$\leqslant$"代替"$<$",则相应的矩阵不等式称为非严格的线性矩阵不等式。对 $\mathbf{R}^m \rightarrow S^n$ 的任意仿射函数 $F(x)$ 和 $G(x)$, $F(x) > 0$, $F(x) < G(x)$ 也是线性矩阵不等式,因为它们可以等价地写成 $-F(x) < 0$, $F(x) - G(x) < 0$。

所有满足线性矩阵不等式(2-40)的 x 的全体构成一个集合,这就是以下的引理。

引理 2.1 $\phi = \{x : F(x) < 0\}$ 是一个凸集。

证明:对任意的 $x_1, x_2 \in \phi$ 和任意的 $\alpha \in (0, 1)$,由于 $F(x_1) < 0, F(x_2) < 0$ 以及 $F(x)$ 是一个仿射函数,故 $F(\alpha x_1 + (1 - \alpha) x_2) = \alpha F(x_1) + (1 - \alpha) F(x_2) < 0$,所以 $\alpha x_1 + (1 - \alpha) x_2 \in \phi$,即 ϕ 是凸的。从而引理 2.1 得证。

系统与控制中的许多问题初看起来不是一个线性矩

阵不等式问题,或不具有式(2－40)的形式,但可以通过适当的处理将问题转换成具有式(2－40)形式的一个线性矩阵不等式问题。下面给出了这方面的一些典型例子。

$$F_1(x) < 0, \cdots, F_k(x) < 0$$

称为一个线性矩阵不等式系统。引进 $F(x) = \mathrm{diag}\{F_1(x), \cdots, F_k(x)\}$,则 $F_1(x) < 0, \cdots, F_k(x) < 0$ 同时成立当且仅当 $F(x) < 0$。因此,一个线性矩阵不等式系统也可以用一个单一的线性矩阵不等式来表示,即

$$F(x) < 0$$

$$Ax = b$$

其中 $F: \mathbf{R}^m \to S^n$ 是一个仿射函数,$A \in \mathbf{R}^{n \times m}$ 和 $b \in \mathbf{R}^n$ 是给定的常数矩阵和向量。由于 $Ax = b$ 的解向量的全体构成了 $\mathbf{R}^m$ 中的一个线性子空间,因此可以考虑更一般的问题:

$$F(x) < 0, x \in M \qquad (2-42)$$

其中的 M 是 $\mathbf{R}^m$ 中的一个仿射集,即

$$M = x_0 + M_0 = \{x_0 + m(m \in M_0)\}$$

式中:$x_0 \in \mathbf{R}^m$,M_0 是 $\mathbf{R}^m$ 中的一个线性子空间。以下证明这样一个多约束问题可以转化为一个单一线性矩阵不等式约束。

设 $e_1, \cdots, e_k \in \mathbf{R}^m$ 是线性空间 M_0 的一组基,而仿射函数 $F(x)$ 可以分解成 $F(x) = F_0 + T(x)$,其中 $T(x)$ 是一个线性函数。由于对任意的 $x \in M$,x 可以表示成 $x = x_0 + \sum_{i=1}^{k}$

$x_i e_i$，因此，问题（2 - 42）成立当且仅当

$$0 > F(x) = F_0 + T(x_0 + \sum_{i=1}^{k} x_i e_i) =$$

$$F_0 + T(x_0) + \sum_{i=1}^{k} x_i T e_i =$$

$$\tilde{F}_0 + x_1 \tilde{F}_1 + \cdots + x_k \tilde{F}_k =$$

$$\tilde{F}(\tilde{x})$$

式中：$\tilde{F}_0 = F_0 + T(x_0)$，$\tilde{F}_i = T(e_i)$，$\tilde{x} = [x_1, \cdots, x_k]^T$。注意 $\tilde{x}$ 的维数要小于 x 的维数。在许多非线性矩阵不等式转化成线性矩阵不等式的问题中，常常用到矩阵的 Schur 补性质。考虑一个矩阵 $S \in \mathbf{R}^{n \times n}$，并将 S 进行分块：

$$S = \begin{bmatrix} S_{11} & S_{12} \\ S_{21} & S_{22} \end{bmatrix}$$

其中，S_{11} 是 $r \times r$ 维的。假定是非奇异的，则 $S_{22} - S_{21} S_{11}^{-1} S_{12}$ 称为 S_{11} 在 S 中的 Schur 补，以下引理给出了矩阵的 Schur 补性质。

引理 2.2　对于给定的对称矩阵，其中的 S_{11} 是 $r \times r$ 维的。以下三个条件是等价的：

（1）$S < 0$；

（2）$S_{11} < 0, S_{22} - S_{12}^T S_{11}^{-1} S_{12} < 0$；

（3）$S_{22} < 0, S_{11} - S_{12} S_{22}^{-1} S_{12}^T < 0$。　　　　（证明略）

对于线性矩阵不等式 $F(x) < 0$，其中 $F(x) = \begin{bmatrix} F_{11}(x) & F_{12}(x) \\ F_{21}(x) & F_{22}(x) \end{bmatrix}$，$F_{11}(x)$ 是方阵。则应用矩阵的 Schur

补性质可以得到:$F(x) < 0$ 当且仅当

$$\begin{cases} F_{11}(x) < 0 \\ F_{22}(x) - F_{12}(x) F_{22}^{-1}(x) F_{12}^{T}(x) < 0 \end{cases} \quad (2-43)$$

或

$$\begin{cases} F_{22}(x) < 0 \\ F_{11}(x) - F_{12}(x) F_{22}^{-1}(x) F_{12}^{T}(x) < 0 \end{cases} \quad (2-44)$$

注意到式(2-43)或式(2-44)中的第二个不等式是一个非线性矩阵不等式,因此以上的等价关系也说明了应用矩阵 Schur 补性质,一些非线性矩阵不等式可以转化成线性矩阵不等式。另一方面,这一等价关系也说明了式(2-43)或式(2-44)中的非线性矩阵不等式也定义了一个关于变量 x 的凸约束。

在一些控制问题中,经常遇到二次型矩阵不等式

$$A^{T}P + PA + PBR^{-1}B^{T}P + Q < 0 \quad (2-45)$$

式中:$A, B, Q = Q^{T} > 0, R = R^{T} > 0$ 是给定的适当维数的常数矩阵,P 是对称矩阵变量,则应用引理 2.2,可以将矩阵不等式(2-45)的可行性问题转化成一个等价的矩阵不等式

$$\begin{bmatrix} A^{T}P + PA + Q & PB \\ B^{T}P & -R \end{bmatrix} \quad (2-46)$$

的可行性问题,而后者是一个关于矩阵变量 P 的线性矩阵不等式。

2.2 | 不确定性的描述

显然,无论是鲁棒性分析还是鲁棒控制器设计,首先必须建立被控对象集的数学模型,即标称模型 $\sum_0$ 和不确定性集合 $\Delta \sum$。标称模型可以通过机理推导或数学模型辨识理论来得到,而描述不确定性集合的方法有以下两种类型。

2.2.1 可参数化不确定模型

可参数化不确定性又称为参数不确定性,是指可以用被控对象模型的参数摄动来表示的不确定性。这类不确定性一般并不改变模型的结构,如对象模型动态的阶次。在实际工程系统中,各参数如摩擦系数、向量、转动惯量等量测误差或结构老化等因素引起的变化等,都可通过参数的摄动来描述。

如果用状态空间模型来描述系统,参数不确定性可以描述如下:

$$\begin{cases} \dot{x} = f(x, \theta) + g(x, \theta)u \\ y = h(x, \theta) + d(x, \theta)u \end{cases} \quad (2-47)$$

式中: $x \in \mathbf{R}^n, u \in \mathbf{R}^m$ 和 $y \in \mathbf{R}^p$ 分别是状态、控制和输入, f、 g、 h 和 d 为适当维数的函数映射, $\theta = [\theta_1 \, \theta_2 \cdots \, \theta_s]^T$ 为未知参数向量, $\theta_i(i = 1, 2, \cdots, s)$ 是表示误差或未知摄动等不确定性因素的参数。

与此对应的线性系统,可以写成下述形式:

$$\begin{cases} \dot{x} = A(\theta)x + B(\theta)u \\ y = C(\theta)x + D(\theta)u \end{cases} \qquad (2-48)$$

式中:$A(\theta) \in \mathbf{R}^{n \times n}$、$B(\theta) \in \mathbf{R}^{n \times m}$、$C(\theta) \in \mathbf{R}^{n \times p}$ 和 $D(\theta) \in \mathbf{R}^{p \times m}$ 是未知向量 $\theta \in \mathbf{R}^{s}$ 的矩阵函数。

$A(\theta)$ 和 $B(\theta)$ 的结构已知,且包含许多已知参数。而且,$\theta = 0$ 时,A_0、B_0 给出了该系统的标称模型。因此,一般将 $A(\theta)$ 和 $B(\theta)$ 表示成标称值与摄动部分之和的形式,即

$$A(\theta) = A_0 + \Delta A(\theta), B(\theta) = B_0 + \Delta B(\theta)$$

而且,将 $\Delta A(\theta)$ 和 $\Delta B(\theta)$ 中已知的成分尽可能地分离出来,表示为如下形式:

$$\begin{cases} \Delta A(\theta) = E_a \Sigma(\theta) F_a \\ \Delta B(\theta) = E_b \Sigma(\theta) F_b \end{cases}$$

实际上,这种分离形式并不唯一。在后续章节中将看到,这种分离形式的选择将影响鲁棒控制系统设计的保守性。

2.2.2　非参数化不确定性

如果不确定性的影响不能仅仅用参数摄动来表示时,就可以用未知的摄动函数或未知的动态方程来表示。与前述对应,这类不确定性称为非参数化不确定性。例如,用关于状态的函数来描述不确定性,则非线性系统可以表示如下:

$$\begin{cases} \dot{x} = f(x) + \Delta f(x) + [g(x) + \Delta g(x)]u \\ y = h(x) + \Delta h(x) + [d(x) + \Delta d(x)]u \end{cases}$$

$$(2-49)$$

式中:f、g、h 和 d 为已知函数向量或矩阵;$\Delta f(x)$、$\Delta g(x)$、$\Delta h(x)$ 和 $\Delta d(x)$ 为未知的函数向量或矩阵。

在式(2-49)中,如果标称系统是线性系统,则可以表示为

$$\begin{cases} \dot{x} = Ax + \Delta f(x) + [B + \Delta g(x)]u \\ y = Cx + \Delta h(x) + [D(x) + \Delta d(x)]u \end{cases}$$

$$(2-50)$$

式中:A、B、C、D 为适当维数的已知矩阵。进一步,如果摄动函数 $\Delta f(x)$,$\Delta g(x)$,$\Delta h(x)$ 及 $\Delta d(x)$ 也同样是线性函数,则上述系统可以表示为

$$\begin{cases} \dot{x} = Ax + \Delta Ax + (B + \Delta B)u \\ y = Cx + \Delta Cx + (D + \Delta D)u \end{cases} \quad (2-51)$$

式中:ΔA、ΔB、ΔC 和 ΔD 为未知矩阵。

与参数的不确定性一样,在建立上述数学模型时,应该将摄动函数中的已知部分分离出来,以便尽可能减少鲁棒系统设计时所造成的保守性。例如,将 $\Delta f(x)$ 分离成

$$\Delta f(x) = E(x)\Sigma(x) \quad (2-52)$$

式中:$E(x)$ 为 $n \times s$ 维的已知函数矩阵;$\Sigma(x)$ 为 s 维的未知函数向量。或将 ΔA 表示为如下形式:

$$\Delta \dot{A} = E\Sigma F \quad (2-53)$$

式中:E 和 F 为具有适当维数的已知矩阵;Σ 为未知矩阵。

静态函数摄动所描述的不确定性并不改变系统维数,即不确定性并不增加系统状态变量的数目。但是,在实际系统中,有些不确定性因素其自身具有动态,必须用独立的状态变量来描述。对于非线性系统来讲,如下描述的系统:

$$\begin{cases} \dot{x} = f(x,\eta) + g(x,\eta)u \\ \dot{\xi} = Q(x,\xi) \\ \eta = P(\xi) \end{cases} \qquad (2-54)$$

就是具有这类不确定性的系统。

式中,$\xi \in \mathbf{R}^s$ 是描述不确定性的未知状态,$Q:\mathbf{R}^n \times \mathbf{R}^s \to \mathbf{R}^s$ 和 $P:\mathbf{R}^s \to \mathbf{R}^r$ 是未知的向量函数。

而对于线性系统,可以用频域特性或传递函数来表示未知的振型或谐振频率。例如,具有不确定性的传递函数可以表示为

$$P(s) = P_0(s) + \Delta P(s) \qquad (2-55)$$

式中:$P_0(s)$ 表示标称系统的传递函数;$\Delta P(s)$ 表示未知的动态所对应的传递函数。

如果假设 $\Delta P(s)$ 是有界的,且其上界已知,即存在有理函数 $r(s)$ 使得

$$P - N = \frac{1}{2\pi}\Delta_r \arg[1 + G(s)H(s)], \forall \omega \in \mathbf{R}$$
$$(2-56)$$

成立,即式(2-55)和式(2-56)描述了一个系统集。

2.3 | 线性不确定系统的频域模型

本节进一步详细讨论具有不确定性的线性系统的建模问题。如前节所述,对于线性系统,可以用标称系统的传递函数 $P_0(s)$ 及未知的传递函数误差 $\Delta P(s)$ 的界函数 $r(s)$ 来描述具有不确定性的系统集。

实际上,标称系统模型和不确定性所对应的模型结构并不是唯一的,下面将具体讨论这个问题。但是,无论表示为哪一种结构,建立具有不确定性的线性系统的数学模型时,都不仅要建立标称模型 $P_0(s)$,而且还要确定界函数 $r(s)$。

2.3.1 不确定系统模型的类型

几类常用的具有不确定性的系统集合表达形式(为方便起见,记为 $(P_0, \Delta P)$)如下:

1)乘法不确定性(乘法摄动)系统模型

$$P(s) = [1 + \Delta P(s)W(s)]P_0(s), \ \| \Delta P(s) \|_\infty < 1$$

$$(2-57)$$

式中: $P_0(s)$ 为标称模型; $\Delta P(s)$ 是未知的摄动函数; $W(s)$ 表示 $\Delta P(s)$ 的摄动界函数,也称加权函数(一般是稳定的传递函数)。

2)加法不确定性(加法摄动)系统模型

$$P(s) = P_0(s) + \Delta P(s)W(s), \ \| \Delta P(s) \|_\infty < 1$$

$$(2-58)$$

比如,对于式(2-56)所描述的不确定性,如果令

$$W(s) = r(s), \Delta P'(s) = r(s)^{-1} \Delta P(s)$$

则当 $\Delta P(s)$ 满足式(2-54)时,$\Delta P'(s)$ 满足 $\| \Delta P'(s) \|_\infty < 1$,且 $\Delta P(s)$ 可以表示为式(2-58)的形式,即 $P(s) = P_0(s) + \Delta P'(s) W(s)$。

3)反馈不确定性(反馈摄动)系统模型

$$P(s) = \frac{P_0(s)}{1 + \Delta P(s) W(s) P_0(s)}, \| \Delta P(s) \|_\infty < 1 \tag{2-59}$$

$$P(s) = \frac{P_0(s)}{1 + \Delta P(s) W(s)}, \| \Delta P(s) \|_\infty < 1 \tag{2-60}$$

以上各模型描述的不确定性,其摄动的大小均用 H_∞ 范数来量测,故通常称为范数有界型摄动。在实际工程中,建立不确定性系统的模型时,重要的是如何充分利用已知信息来确定摄动函数的界。

2.3.2   摄动函数建模

无论采用哪种类型的模型结构,确定摄动函数的界函数是一个重要的环节。要想给出一个统一的确定界函数的算法,是比较困难的事情。但是,不管用什么样的方法寻找界函数,都应该遵守这样的一个原则,即尽可能减少模型的保守性,使得界函数所包含的摄动尽可能地贴近实际情况。一般说来,在对控制性能影响大的中低频域内

应尽量使 $W(s)$ 不过分超过摄动的增益。这是因为在控制频带里,如果系统的特性精确已知,设计时就能提高控制性能,而在大范围摄动的频带实现精确控制是非常困难的。

以下是几类常见的摄动界函数 $W(s)$ 的设计方法。

方法1　系统辨识

首先计算实际系统的频率响应 $P(j\omega)$ 和模型的频率响应 $P_0(j\omega)$ 之差 $P(j\omega) - P_0(j\omega)$,并将其画在 Bode 图上。然后确定加权函数 $W(s)$ 使之覆盖住 $P(j\omega) - P_0(j\omega)$。

方法2　近似法

该方法实际上是用低阶系统 $P_0(s)$ 近似逼近高阶系统 $P(s)$,即首先计算 $|P(j\omega) - P_0(j\omega)|$ 或 $\left|1 - \dfrac{P(j\omega)}{P_0(j\omega)}\right|$,然后在 Bode 图上求出 $W(s)$,使之满足

$$|P(j\omega) - P_0(j\omega)| < W(j\omega) \quad \text{(加法摄动)}$$

$$(2-61)$$

或

$$\left|1 - \frac{P(j\omega)}{P_0(j\omega)}\right| < |W(j\omega)| \quad \text{(乘法摄动)}$$

$$(2-62)$$

即画出上述不等式的左侧,再让 $W(s)$ 覆盖之。

方法3　参数摄动法

该方法原则上使用摄动幅度的估值,但是如果采用频域小增益定理来分析含参数不确定性系统的鲁棒性时,应

加以注意。因为小增益定理中所考虑的摄动是非参数化不确定性，在复平面上表现为以圆的原点为中心的单位圆。而参数摄动仅为该圆内一条直线段。故其范围远小于整个单位圆所包围的摄动。因此如果直接使用参数摄动幅度，往往会得到非常保守的结果。

2.4 | 鲁棒稳定性的频域判据

如前所述，稳定性是指在动态过程中系统的平衡点对系统初始条件变化的保持能力，而鲁棒稳定性则刻画了在动态过程系统稳定性对外界环境或系统本身变化的保持能力。本节将主要介绍有关线性系统鲁棒稳定性的基本结果。

2.4.1 Nyquist 判据

Nyquist 频域稳定性判据是根据开环传递函数的频率特性来研究闭环反馈系统稳定性的方法。这种判据主要描述开环传递函数的增益或时间常数与闭环稳定性的关系。为简便起见，以下只讨论单输入单输出系统 Nyquist 判据。

考察图 2 - 3 所示的反馈控制系统

$$G(s) = \frac{N_1(s)}{D_1(s)}, H(s) = \frac{N_2(s)}{D_2(s)}$$

式中：$N_1(s)$、$D_1(s)$、$N_2(s)$ 和 $D_2(s)$ 均为关于 s 的多项式。

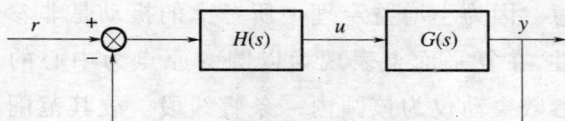

图 2 - 3　反馈控制系统

　　考虑到物理上的可实现性,通过假定控制对象 $G(s)$ 和反馈传递函数 $H(s)$ 均为严格真有理函数,即分子多项式阶次不高于分母多项式阶次。考察系统的闭环传递函数

$$F(s) = \frac{G(s)H(s)}{1 - G(s)H(s)} ury \qquad (2-63)$$

显然 $1 + G(s)H(s)$ 的极点与 $G(s)H(s)$ 的极点完全一致,而闭环传递函数的极点又和 $1 + G(s)H(s))$ 的零点一致。由线性系统理论可知,如果 $G(s)$ 和 $H(s)$ 分别不含不稳定的不可控或不可测的极点,且 $G(s)H(s)$ 无零极点相消,那么该闭环系统稳定性取决于 $F(s)$ 的极点在 s 平面的分布情况。因此,最直接的方法是求出闭环传递函数 $F(s)$ 的极点,根据该极点的分布情况来判定稳定性。这要求解多项式方程 $1 + G(s)H(s) = 0$ 的根,即

$$D_1(s)D_2(s) + N_1(s)N_2(s) = 0 \qquad (2-64)$$

的根。对于高阶有理系统,求解该方程比较困难。为了避免求解该方程,Nyquist 判据提供了根据开环传递函数 $G(s)H(s)$ 的极点 $p_1, p_2, \cdots, p_s$ 的分布,来判断闭环系统特征多项式在 s 右半平面的根的数目的方法。

1. 辐角原理

设复变函数

$$\omega = \phi(s) \qquad (2-65)$$

在区域 Ω 内除有限个孤立点外均解析,在 Ω 的边界 Γ 上 ϕ 连续且不为零,则 $\phi(s)$ 在 Ω 内零点总数 N 与极点总数 P 之差,等于 s 沿 Γ 正方向运行一周时,$\omega = \phi(s)$ 在 ω 平面绕过原点的总转数 M,即

$$M = N - P = \frac{1}{2\pi}\Delta_r \arg \phi(s) \qquad (2-66)$$

式中:$\Delta_r \arg \phi(s)$ 表示 $\phi(s)$ 沿 Γ 正方向运行一周时的辐角差,多重极点和多重零点按重数计算。

值得注意的是,若 $M > 0$,则表示 $\phi(s)$ 的零点数超过极点数。

2. Nyquist 稳定性判据

对于图 2-3 所示的系统,若开环传递函数 $G(s)H(s)$ 在右半平面有 p 个极点,且 $s=0$ 为其 v 重极点,则闭环系统稳定的充分必要条件是:当 ω 从 $-\infty$ 变到 ∞ 时,开环频率特性曲线 $G(j\omega)H(j\omega)$ 包围点 $(-1, j0)$ 的次数为 $p + \dfrac{v}{2}$。

证明:考察 s 平面中如图 2-4 所示的区域 Ω,其边界由四段组成。

Γ_1:从 $-jR$ 到 $-jr$ 的一段虚轴。

Γ_2:以 r 为半径的位于右半平面的半圆周内。

Γ_3:由 jr 到 jR 的虚轴。

Γ_4:以 R 为半径的位于右半面的半圆周。

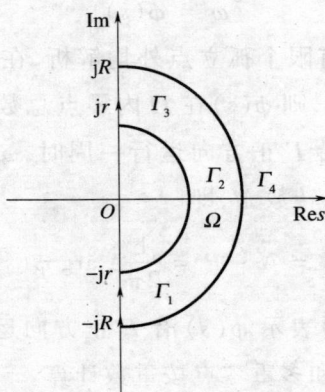

图 2-4 区域 Ω 及其边界

这里 r 和 R 是适当选取的正数,使得 $G(s)H(s)$ 的 P 极点包含在 Ω 之内。注意 $1+G(s)H(s)$ 与 $G(s)H(s)$ 有相同的极点,而其零点即为闭环系统极点,故当 s 沿 Γ 顺时针运行一周,对函数 $1+G(s)H(s)$ 应用辐角原理得

$$P - N = \frac{1}{2\pi}\Delta_r \arg\left[1 + G(s)H(s)\right] \qquad (2-67)$$

这里 N 表示 $1+G(s)H(s)$ 在 Ω 之内的零点数。

注意到 $G(s)$、$H(s)$ 均为有理函数,从而

$$\Delta_{r_4} \arg\left[1 + G(s)H(s)\right] = 0 \qquad (2-68)$$

又因为 $s=0$ 是 $1+G(s)H(s)$ 的 v 重极点,从而当 r 充分小时,有

$$\Delta_{r_2} \arg \left[1 + G(s)H(s) \right] \approx -v\pi \qquad (2-69)$$

从而

$$\Delta_{r_1} \arg \left[1 + G(s)H(s) \right] + \Delta_{r_3} \arg \left[1 + G(s)H(s) \right] \approx$$
$$(P - N)2\pi + v\pi \qquad (2-70)$$

令 $r \to 0, R \to \infty$，则有

$$\Delta_r \arg \left[1 + G(s)H(s) \right] = (P - N)2\pi + v\pi$$
$$(2-71)$$

其中，$-\infty < \omega < \infty$。

由于闭环系统稳定，当且仅当其特征多项式在右半平面无零点，即 $N = 0$，而 $1 + G(j\omega)H(j\omega)$ 绕过原点的圈数等于绕过点 $(-1, j0)$ 的圈数。

证毕

应该指出，上述定理没有考虑 $G(s)H(s)$ 在虚轴有极点 $s = j\omega_0 (\omega_0 \neq 0)$ 的情况。当 $G(s)H(s)$ 有极点 $s = j\omega_0 (\omega_0 \neq 0)$ 时，在构造闭环曲线 Γ 时，可以通过用半径充分小的半圆绕过该极点（如定理证明中绕过原点一样）的方法，得出类似结论。

2.4.2 小增益定理：Nyquist 频域判据的推广

本节讨论的小增益定理，主要针对线性系统，给出不确定性由频域描述的反馈控制系统鲁棒稳定的充分必要条件，该定理同时也是 Nyquist 稳定判据的一个推广。

考察如图 2-5 所示的系统。其中 $M(s)$ 为已知系统，$\Delta(s)$ 为未知摄动，二者皆为在 s 闭环右半平面解析的有理

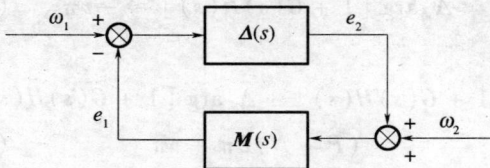

图 2 - 5 小增益定理

函数矩阵。

小增益定理 设未知摄动有界且满足 $\parallel \boldsymbol{\Delta}(s) \parallel_{\infty} \leqslant 1$，则该系统对于任意 $\boldsymbol{\Delta}(s)$ 是鲁棒稳定的充要条件是

$$\parallel \boldsymbol{M}(s) \parallel \leqslant 1 \qquad (2 - 72)$$

证明：为叙述方便起见，这里仅对单输入单输出系统进行证明。

（1）充分性。由题设条件知 $\boldsymbol{M}(s)$、$\boldsymbol{\Delta}(s)$ 之间不存在不稳定的零极点相消，因此

$$\boldsymbol{R}(s) = 1 - \boldsymbol{M}(s)\boldsymbol{\Delta}(s) \qquad (2 - 73)$$

的分子为闭环系统的特征多项式，故只要证明 $\boldsymbol{R}(s)$ 在右半平面没有零点即可保证闭环系统的稳定性。

根据复变函数论的最大模原理，当 Re $(s) \geqslant 0$ 时，有

$$|\boldsymbol{R}(s)| \geqslant 1 - |\boldsymbol{M}(s)||\boldsymbol{\Delta}(s)| \geqslant$$

$$1 - \parallel \boldsymbol{M}(s) \parallel_{\infty} \parallel \boldsymbol{\Delta}(s) \parallel_{\infty} > 1 - 1 = 0$$

$$(2 - 74)$$

即闭环系统在闭右半平面不含极点，所以该系统对于任意

Δ 是稳定的。

（2）必要性。用反证法。若 $\parallel M(s) \parallel_\infty \geqslant 1$，以下证明在所给摄动集合中存在使闭环系统不稳定的摄动 $\Delta(s)$。因为 $\parallel M(s) \parallel_\infty \geqslant 1$，必存在一频率 $\omega_0 \in [0, \infty)$，满足 $\mid M(j\omega_0) \mid = 1$。因此，$\mid M(j\omega_0) \mid$ 可记为 $\mid M(j\omega_0) \mid = e^{j\theta}$ 或 $e^{-j\theta}$。其中，$\theta \in [0, \pi)$ 为适当的相位角。以下仅对 $M(j\omega_0) = e^{j\theta}$ 进行证明。关于 $M(j\omega_0) = -e^{j\theta}$ 的情形，只需要改变下述 $\Delta_0(s)$ 的符号即可得证。

构造有理函数

$$\Delta_0(s) = \begin{cases} 1 & \theta = 0, \\ \dfrac{a-s}{a+s} & \theta \in (0, \pi) \end{cases}, \quad M = N - P = \frac{1}{2\pi} \Delta_r \arg \phi(s)$$

$$(2-75)$$

其中，$a = \omega_0 \left(\tan \dfrac{\theta}{2} \right)^{-1} > 0$。

易证 $\parallel \Delta(s) \parallel_\infty = 1$，且 $\Delta_0(j\omega_0) = -e^{j\omega}$。从而有

$$R(j\omega_0) = 1 - M(j\omega_0)\Delta_0(j\omega_0) = 0 \quad (2-76)$$

即 $j\omega_0$ 为闭环极点，说明与此对应的闭环系统失去了稳定性，这与题设矛盾，故条件（2-72）得证。

上述定理实际上相当于 Nyquist 稳定性判据在 $P = 0$、$v = 0$ 时的情形。这是因为 M、Δ 均为稳定的传递函数矩阵，从而 $P = 0, v = 0$。而 $\parallel M\Delta \parallel_\infty < 1$ 说明开环传递函数的曲线没有绕过点 $(-1, j0)$，故闭环系统是稳定的。进一步，由于 $M\Delta$ 无不稳定零极点相消，与上述定理的证明相

似,可以得到如下结论:

设 $M(s)$ 和 $\Delta(s)$ 是在 s 右半平面解析的有理函数,且 $\Delta(s)$ 满足 $\|\Delta(s)\|_\infty < 1$,则图 2-5 所示的反馈系统对任意 $\Delta(s)$ 是鲁棒稳定的充分必要条件是

$$\|M(s)\|_\infty < 1$$

证毕。

小结

本章主要介绍了鲁棒控制理论的一些重要基础知识,为以后的鲁棒控制方法在飞行控制系统设计中的应用做好基础。本章首先介绍了鲁棒控制的数学基础,包括系统的范数、矩阵奇异值以及 Riccati 方程和线性分式变换;接着介绍了线性矩阵不等式;然后介绍了系统不确定性的描述,包括参数化不确定性和非参数化不确定性;最后阐述了系统鲁棒稳定性分析的基本定理。

Design of H_∞
Flight Control System

第3章

H_∞ 飞行控制系统设计

3.1 | H_∞ 标准设计问题

考虑如图 3 – 1 所示的 H_∞ 标准设计问题。其中 u 为控制输入信号,y 为观测量,w 为干扰信号(或为了设计而定义的辅助信号),z 为控制量(或者应设计需要而定义的评价信号)。由输入信号 u、w 到输出信号 z、y 的传递函数阵 $G(s)$ 称为增广被控对象,它包括实际被控对象和为了描述设计指标而设定的加权函数等。$K(s)$ 为控制器。

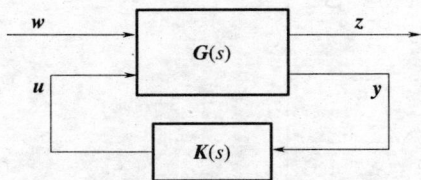

图 3 – 1 H_∞ 标准设计问题

设传递函数阵 $G(s)$ 的状态空间实现由下式给出:

$$\begin{cases} \dot{x} = Ax + B_1 w + B_2 u \\ z = C_1 x + D_{11} w + D_{12} u \\ y = C_2 x + D_{21} w + D_{22} u \end{cases} \quad (3-1)$$

式中:x 为 n 维状态变量;w 为 r 维、u 为 p 维、z 为 m 维、y 为 q 维信号向量。则式(3 – 1)还可以表示为

$$G(s) = \begin{bmatrix} G_{11}(s) & G_{12}(s) \\ G_{21}(s) & G_{22}(s) \end{bmatrix} = \begin{bmatrix} A & B_1 & B_2 \\ C_1 & D_{11} & D_{12} \\ C_2 & D_{21} & D_{22} \end{bmatrix}$$

$$(3-2)$$

从 w 到 z 的闭环传递函数等于

$$T_{zw}(s) = \mathrm{LFT}[G(s), K(s)] =$$

$$G_{11} + G_{12}K(I - G_{22}K)^{-1}G_{21} \quad (3-3)$$

定义 3.1 （H_∞ 最优设计问题）对于给定的增广被控对象 $G(s)$，求反馈控制器 $K(s)$ 使得闭环系统内部稳定且 $\| T_{zw}(s) \|_\infty$ 最小，即

$$\min_K \| T_{zw}(s) \|_\infty = \gamma_0 \quad (3-4)$$

与此对应，可以定义 H_∞ 次优设计问题如下。

定义 3.2 （H_∞ 次优设计问题）对于给定的增广被控对象 $G(s)$ 和 $\gamma(\geqslant \gamma_0)$，求反馈控制器 $K(s)$ 使得闭环系统内部稳定且 $T_{zw}(s)$ 满足

$$\| T_{zw}(s) \|_\infty < \gamma \quad (3-5)$$

显然，如果对于给定的 $G(s)$，H_∞ 次优设计问题有解，那么可以通过反复"递减 γ—试探求次优解"的过程，而求得最优控制器的逼近解，即 $\gamma \to \gamma_0$。

另外，式（3-5）等价于

$$\left\| \frac{1}{\gamma}T_{zw}(s) \right\|_\infty < 1 \quad (3-6)$$

而 $\frac{1}{\gamma}T_{zw}(s)$ 实际上等于增广被控对象

$$G_\gamma(s) = \begin{bmatrix} \gamma^{-1}G_{11}(s) & G_{12}(s) \\ \gamma^{-1}G_{21}(s) & G_{22}(s) \end{bmatrix}$$

和控制器 $K(s)$ 所构成的如图 3-1 所示系统的闭环传递函数。因此，实际应用中只考虑 $\gamma = 1$ 的情况即可。

定义 3.3 （H_∞ 标准设计问题）对于给定的增广被控对象 $G(s)$，判定是否存在反馈控制器 $K(s)$，$K(s)$ 使得闭环系统内部稳定且 $\| T_{zw}(s) \|_\infty < 1$。如果存在那样的控制器，则求之。

3.2 H_∞ 混合灵敏度控制问题

H_∞ 混合灵敏度鲁棒控制问题是 H_∞ 控制的最典型问题之一。应用 H_∞ 方法设计控制系统时，为保证系统鲁棒性和提高系统性能，通常都是将所设计的问题转化成混合灵敏度问题来进行求解。

3.2.1 混合灵敏度控制思想

考虑如图 3 - 2 所示的线性时不变系统的一对一跟踪控制问题。其中，r、e、u、d 和 y 分别为参考输入、跟踪误差、控制输入、量测干扰和系统输出，$K(s)$ 为控制器，$G(s)$

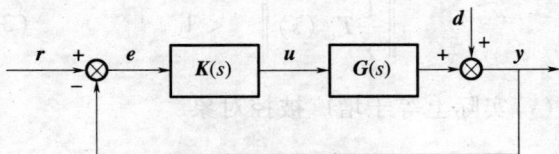

图 3 - 2　线性系统的跟踪控制问题

为被控对象。从 r 到 e、u 和 y 的闭环传递函数分别为

$$S(s) = \frac{e(s)}{r(s)} = (I + L(s))^{-1} \qquad (3-7)$$

$$R(s) = \frac{u(s)}{r(s)} = K(s)S(s) = K(s)(I + L(s))^{-1}$$

$$(3 - 8)$$

$$T(s) = \frac{y(s)}{r(s)} = L(s)(I + L(s))^{-1} = I - S(s)$$

$$(3 - 9)$$

其中,系统的开环传递函数为

$$L(s) = G(s)K(s)$$

式中:$S(s)$ 称为灵敏度函数;$T(s)$ 称为补灵敏度函数。

如图 3 - 2 所示,由于 $S(s)$ 实质上是干扰 d 与输出 y 之间的闭环传递函数矩阵,灵敏度是决定跟踪误差大小的最重要指标,灵敏度越低,则系统的跟踪误差越小,系统的响应品质越好。即 $S(s)$ 的奇异值越小,对干扰的抑制能力就越强,同时 $S(s)$ 是误差 e 与参考输入 r 之间的传递函数矩阵,因此 $S(s)$ 也决定着系统的跟踪能力,$S(s)$ 的奇异值越小,系统的跟踪能力越好,因此,可以用 $\| S(s) \|_{\infty} <$ 1 作为闭环系统对干扰抑制能力的度量。在此引入灵敏度函数加权函数 $W_s(s)$,使其满足

$$\overline{\sigma}(S(j\omega)) \leqslant \overline{\sigma}[W_s^{-1}(j\omega)]$$

或

$$\frac{1}{\overline{\sigma}[S(j\omega)]} \geqslant |W_s(j\omega)| \qquad (3 - 10)$$

$W_s(s)$ 的幅值决定着系统的干扰衰减能力和跟踪性能。因此 $W_s(s)$ 称为干扰衰减的性能指标,其幅值称为所

期望的干扰衰减比因子。

补灵敏度函数 $T(s)$ 是系统输出 y 与参考输入 r 之间的传递函数矩阵,它是决定系统鲁棒稳定性的重要指标,它制约着系统输出信号的大小,在存在不确定性时,有较大的加权会迫使系统的输出信号稳定。$T(s)$ 的奇异值越小,标志着系统因模型不确定性产生的复合干扰对系统的影响越小,因此 $\|T(s)\|_\infty$ 是对乘性摄动 $(I+\Delta G)G$ 鲁棒性的一种测度。在此,引入补灵敏度函数加权函数 $W_T(s)$,使其满足

$$\overline{\sigma}(T(j\omega)) < \overline{\sigma}[W_T^{-1}(j\omega)]$$

或

$$\frac{1}{\overline{\sigma}[T(j\omega)]} \geqslant |W_T(j\omega)| \qquad (3-11)$$

$|W_T^{-1}(s)|$ 即是系统所期望的最大复合干扰的幅值。

为了使系统同时获得良好的干扰抑制能力和性能跟踪能力,并保证在未知的结构摄动和参数摄动的过程中系统是稳定的,希望控制系统的灵敏度函数 $S(s)$ 和补灵敏度函数 $T(s)$ 的奇异值能够同时达到最小,以满足系统的鲁棒性能和跟踪性能的要求。但由式(3-9)可知 $S(s)+T(s)=I$,二者同时满足最小是相互矛盾的。这就需要在灵敏度函数 $S(s)$ 和补灵敏度函数 $T(s)$ 的选择上进行折中处理。必须把 $S(s)$ 和 $T(s)$ 从变小的频域分离开来,使它们在不同的频段满足不同的要求,即设计指标可描述成如下形式:

$$\begin{cases} \| S(\mathrm{j}\omega) \|_{\infty} < \varepsilon_1, \omega \in \overline{\omega}_1 \\ \| T(\mathrm{j}\omega) \|_{\infty} < \varepsilon_2, \omega \in \overline{\omega}_2 \end{cases} \qquad (3-12)$$

式中:ε_1 和 ε_2 是任意正数;$\overline{\omega}_1$ 和 $\overline{\omega}_2$ 是不相重叠的频带。一般地,扰动信号具有低频特性,而模型不确定性往往是由于忽略了高频动力学特性所引起的,因此,$\overline{\omega}_1$ 一般是低频段,$\overline{\omega}_2$ 一般是高频段。

引入加权函数 $W_S(s)$ 和 $W_T(s)$,使得它们分别在 $\overline{\omega}_1$ 和 $\overline{\omega}_2$ 上具有较大值,并且满足

$$\sup \left(\| W_S(\mathrm{j}\omega) S(\mathrm{j}\omega) \|^2 + \| W_T(\mathrm{j}\omega) T(\mathrm{j}\omega) \|^2 \right) < \gamma^2$$

式中:γ 是一正数。这就是混合灵敏度控制问题。参考标准 H_∞ 问题可以得到 H_∞ 混合灵敏度控制问题的最优性能指标为

$$\left\| \begin{matrix} W_S(s) S(s) \\ W_T(s) T(s) \end{matrix} \right\| < \gamma \qquad (3-13)$$

3.2.2 H_∞ 混合灵敏度控制方法

对图 3-2 所示系统,定义 $R(s) = K(s) S(s) = K(s) [I + K(s) G(s)]^{-1}$,通常用 $\| R(s) \|_\infty$ 来衡量加性不确定性。然后分别引入性能加权函数 $W_S(s)$、控制器输出加权函数 $W_R(s)$ 和鲁棒加权函数 $W_T(s)$,则可以由矩阵奇异值表示的控制系统鲁棒性能指标如下:

系统的扰动衰减指标可表示为

$$\overline{\sigma}(S(\mathrm{j}\omega)) \leqslant \overline{\sigma}[W_S^{-1}(\mathrm{j}\omega)] \qquad (3-14)$$

系统的稳定性鲁棒指标表示为

$$\overline{\sigma}(\boldsymbol{R}(\mathrm{j}\omega)) < \overline{\sigma}[\boldsymbol{W}_R^{-1}(\mathrm{j}\omega)]$$

$$\overline{\sigma}(\boldsymbol{T}(\mathrm{j}\omega)) < \overline{\sigma}[\boldsymbol{W}_T^{-1}(\mathrm{j}\omega)] \qquad (3-15)$$

加权后的增广系统如图 3-3 所示。

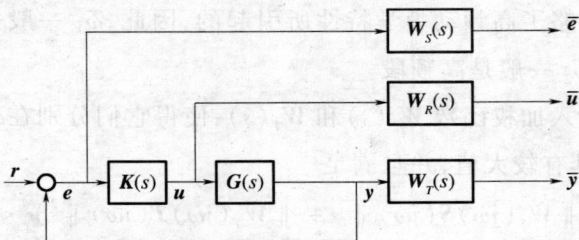

图 3-3　加权后的增广系统

对图 3-3 结构稍加修改,则可以得到如图 3-4 所示的双端子结构框图,可以看出这样的控制结构图与图 3-1 所示的标准 H_∞ 控制结构是完全一致的。对比图 3-1 所

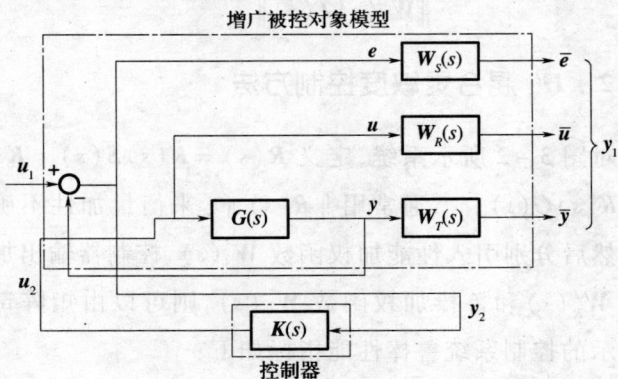

图 3-4　双端子结构框图

示的标准 H_∞ 控制问题,可以得出

$$w = u_1, z = \begin{bmatrix} \overline{e} \\ \overline{u} \\ \overline{y} \end{bmatrix} = y_1, y = y_2, u = u_2$$

$$(3-16)$$

写成增广形式则有

$$\begin{cases} \begin{bmatrix} W_S e \\ W_R u \\ W_T y \\ e \end{bmatrix} = \begin{bmatrix} W_S & -W_S G \\ 0 & W_R \\ 0 & W_T G \\ I & -G \end{bmatrix} \begin{bmatrix} r \\ u \end{bmatrix} \\ u = ke \end{cases} \quad (3-17)$$

式中:P 称为增广被控对象。增广被控对象可用状态方程表示为

$$P = \begin{bmatrix} W_S & -W_S G \\ 0 & W_R \\ 0 & W_T G \\ I & -G \end{bmatrix} = \begin{bmatrix} A & B_1 & B_2 \\ \hline C_1 & D_{11} & D_{12} \\ C_2 & D_{21} & D_{22} \end{bmatrix}$$

$$(3-18)$$

系统从外部输入 w 到被控输出 z 的闭环传递函数阵为

$$T_{zw} = \begin{bmatrix} W_S S \\ W_R KS \\ W_T GKS \end{bmatrix} = \begin{bmatrix} W_S S \\ W_R R \\ W_T T \end{bmatrix} \quad (3-19)$$

    H_∞ 混合灵敏度优化方法就是寻找真实函数控制器 K,使闭环系统稳定,且满足

    $\min \parallel T_{zw} \parallel_\infty$ (H_∞ 混合灵敏度最优控制问题)

$$\| \boldsymbol{T}_{zw} \|_{\infty} < \gamma \quad (H_{\infty} \text{混合灵敏度次优控制问题})$$

式中：γ 为给定值且 $\gamma > \min \| \boldsymbol{T}_{zw} \|_{\infty}$

为不失一般性，把非 1 的 γ 归入到各权函数中，则把上述 H_{∞} 混合灵敏度控制问题转化为下述的 H_{∞} 控制问题：

$$\left\| \begin{matrix} \boldsymbol{W}_S \boldsymbol{S} \\ \boldsymbol{W}_R \boldsymbol{R} \\ \boldsymbol{W}_T \boldsymbol{T} \end{matrix} \right\|_{\infty} \leqslant 1 \qquad (3-20)$$

以上就是 H_{∞} 混合灵敏度控制的设计方法，由上面的分析可以看出，进行 H_{∞} 混合灵敏度控制设计的关键是有效合理地选取加权函数，下面将讲述如何进行加权函数的选取。

3.3 | 加权函数的选取

H_{∞} 混合灵敏度控制方法设计结果的好坏在很大程度上取决于加权函数的选取，加权函数直接反映了系统的各种性能指标，如系统的动态品质要求、鲁棒性要求、抗干扰能力要求等。因此，加权函数的选取是 H_{∞} 混合灵敏度控制方法设计的核心问题。加权函数的选取需要根据不同的被控对象和不同的性能指标要求进行不断地试凑和调节来最终选定一组合适的加权函数，这一过程没有明确规律和方法可以遵循和使用，但到目前为止有一些定性的、指导性的原则是可以遵循的，现总结如下：

（1）加权函数阶次要求。应尽量降低各加权函数的阶次，因为应用 H_∞ 混合灵敏度控制方法所设计的控制器，其阶次与包含加权矩阵的广义被控对象是同阶次，为了使得到的控制器在工程上是可实现的并且是便于实现的，应尽量降低各加权函数的阶次。一般情况下，$W_S(s)$ 和 $W_T(s)$ 尽量选择为一阶的形式。

（2）$W_S(s)$ 的选取要求。$W_S(s)$ 反映了对系统灵敏度函数 $S(s)$ 的形状要求。应使其具有积分特性或者高增益低通特性，这样可以增强对干扰的抑制能力，因此，在低频段，在保证闭环系统鲁棒稳定的前提下，$S(s)$ 必须尽量小，$W_S(s)$ 的幅值就应尽量大，即 $W_S^{-1}(s)$ 的幅值应尽量小。在高频段，$S(s)$ 的增益为 0dB 即可，$W_S(s)$ 的幅值一般选取在 $0.1 \sim 0.8$。并且，系统的灵敏度函数的最大奇异值在全频域内均小于 $W_S^{-1}(s)$ 的幅值。

（3）$W_R(s)$ 的选取要求。$W_R(s)$ 是对 $R(s)$ 的加权，表示加性摄动的范数界。传递函数 $R(s)$ 是系统输入到控制量的传递函数，引入对应的加权函数 $W_R(s)$ 可以限制控制量的大小，使其保持在系统允许的范围内，防止系统在实际的工作过程中产生严重的饱和现象以及因控制量过大而造成的执行器损害。从这个角度出发，$W_R(s)$ 的静态增益应该适当地大一点。但是，$W_R(s)$ 的选择对系统的带宽也有很大的影响，这是因为当 $W_R(s)$ 的幅值由小变大时，计算出的控制系统的剪切频率则由大变小。因此，从这个角度出发，为了保证系统具有足够的带宽，$W_R(s)$ 的静态增益应该适当地小一些。因此,$W_R(s)$ 的选择既要考虑到系统的带宽要求又要考虑到系统的饱和现象以及对系统噪声的抑制,综合上述两方面的要求,就要适当地对 $W_R(s)$ 的选择进行折中。适当地选取 $W_R(s)$ 是混合灵敏度设计的一个关键。通常情况下,$W_R(s)$ 选择为一合适的常数形式。

(4) $W_T(s)$ 的选取要求。$W_T(s)$ 反映了对系统补灵敏度函数 $T(s)$ 的形状要求,表示乘性摄动的范数界,反映了鲁棒稳定性的要求。应使其具有高通特性,其上升斜率可取大些,这样可以保证系统对高频干扰的抑制。所以要求 $W_T(s)$ 在低频段其增益很小,而在高频段其增益要很大,即要求 $W_T(s)$ 在作为系统的鲁棒边界在高频段应具有很强的抑制模型不确定性对系统影响的能力。并且,系统的补灵敏度函数的最大奇异值在全频域内均小于 $W_T^{-1}(s)$ 的幅值。

(5) 为保证 $W_S(s)$ 和 $W_T(s)$ 的频带不重叠,还应使二者满足条件

$$\overline{\sigma}(W_S^{-1}(s)) + \overline{\sigma}(W_T^{-1}(s)) \geqslant 1$$

遵循以上原则确定了 H_∞ 混合灵敏度控制问题的 $W_S(s)$、$W_R(s)$ 以及 $W_T(s)$ 三个加权函数后,就可以求解 H_∞ 混合灵敏度控制问题。

3.4 | 纵向飞行控制系统设计与仿真

H_∞ 混合灵敏度控制方法能设计出同时具有鲁棒稳定

性和抗不确定性的控制器,本节使用该方法进行飞机单状态点和多状态点纵向俯仰角跟踪飞行控制系统的设计及仿真。

3.4.1 单状态点设计与仿真

某飞机纵向飞行状态为:飞行速度 $V_0 = 209.6241\mathrm{m/s}$, $Ma = 0.7, H = 10000\mathrm{m}$。纵向短周期运动方程为

$$\begin{cases} \dot{x} = Ax + Bu \\ y = Cx + Du \end{cases}$$

其中

$$A = \begin{bmatrix} -0.5699 & 1 & 0 \\ -2.4915 & -1.4358 & 0 \\ 0 & 1 & 0 \end{bmatrix}, B = \begin{bmatrix} -0.0293 \\ -2.2683 \\ 0 \end{bmatrix},$$

$$C = \begin{bmatrix} 1 & 0 & 0 \\ 0 & 1 & 0 \\ 0 & 0 & 1 \end{bmatrix}, D = \begin{bmatrix} 0 \\ 0 \\ 0 \end{bmatrix}$$

式中:$x = \begin{bmatrix} \alpha & q & \theta \end{bmatrix}^\mathrm{T}$,$\alpha$、$q$、$\theta$ 分别表示迎角、俯仰角速率以及俯仰角的变化量;$u = \delta_e$,δ_e 表示升降舵变化量。

使用 H_∞ 混合灵敏度控制方法进行纵向飞行控制系统的设计。首先选取各加权函数如下:

$$W_S(s) = \begin{bmatrix} W_{S1}(s) & 0 & 0 \\ 0 & W_{S2}(s) & 0 \\ 0 & 0 & W_{S3}(s) \end{bmatrix},$$

$$\boldsymbol{W}_T(s) = \begin{bmatrix} W_{T1}(s) & 0 & 0 \\ 0 & W_{T2}(s) & 0 \\ 0 & 0 & W_{T3}(s) \end{bmatrix}, W_R = 0.1008$$

$$W_{S1}(s) = \frac{2.108(0.0121s + 0.11)}{20.8s + 1.024},$$

$$W_{S2}(s) = \frac{2.108(0.0121s + 0.11)}{20.08s + 0.0124},$$

$$W_{S3}(s) = \frac{2.108(0.0121s + 1)}{20.08s + 0.024}$$

$$W_{T1}(s) = W_{T2}(s) = W_{T3}(s) = 0.408(0.0877s + 0.05)$$

构成广义被控对象后,进行控制器的求解,得到 H_∞ 混合灵敏度控制器 K。

下面进行鲁棒稳定性分析验证和仿真验证。

图 3 - 5、图 3 - 6 分别给出了灵敏度函数 $S(s)$ 和

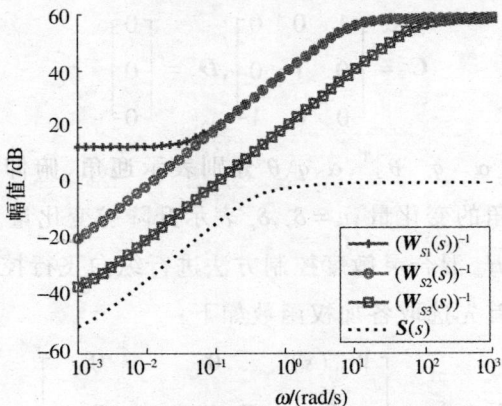

图 3 - 5 灵敏度函数 $S(s)$ 和 $W_S^{-1}(s)$ 的幅频特性曲线

$W_S^{-1}(s)$ 的幅频特性曲线和补灵敏度函数 $T(s)$ 和 $W_T^{-1}(s)$ 的幅频特性曲线,从图中可以看出灵敏度函数 $S(s)$ 具有低通特性,补灵敏度函数 $T(s)$ 具有高通特性。灵敏度函数 $S(s)$ 的最大奇异值在全频域内均小于 $W_S^{-1}(s)$ 的幅值,补灵敏度函数 $T(s)$ 的最大奇异值在全频域内均小于 $W_T^{-1}(s)$ 的幅值,则满足频域指标的要求。系统是鲁棒稳定的。

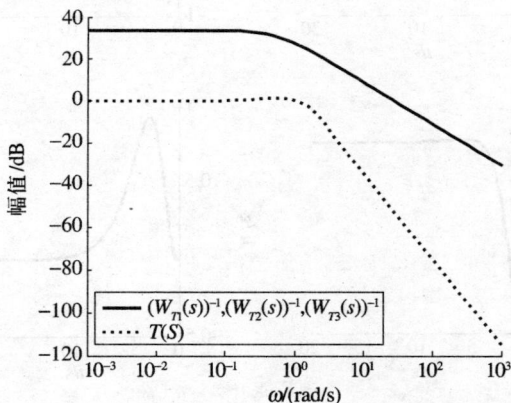

图 3-6　补灵敏度函数 $T(s)$ 和 $W_T^{-1}(s)$ 的幅频特性曲线

　　仿真验证研究:采用混合灵敏度控制器 K 时,对闭环系统施加单位阶跃信号,要求俯仰角 θ 的响应能快速准确地跟踪单位阶跃信号,俯仰角速率 q 和迎角 α 能够快速回零达到稳定。同时进行鲁棒性验证,当飞机运动方程存在参数扰动时,要求俯仰角 θ 的响应仍能快速准确地跟踪单位阶跃信号。图 3-7~图 3-9 分别给出了飞机运动方程不含参数摄动、A 阵含 ±10% 摄动以及 A 阵和 B 阵同时含 ±10% 摄动时的阶跃响应曲线。

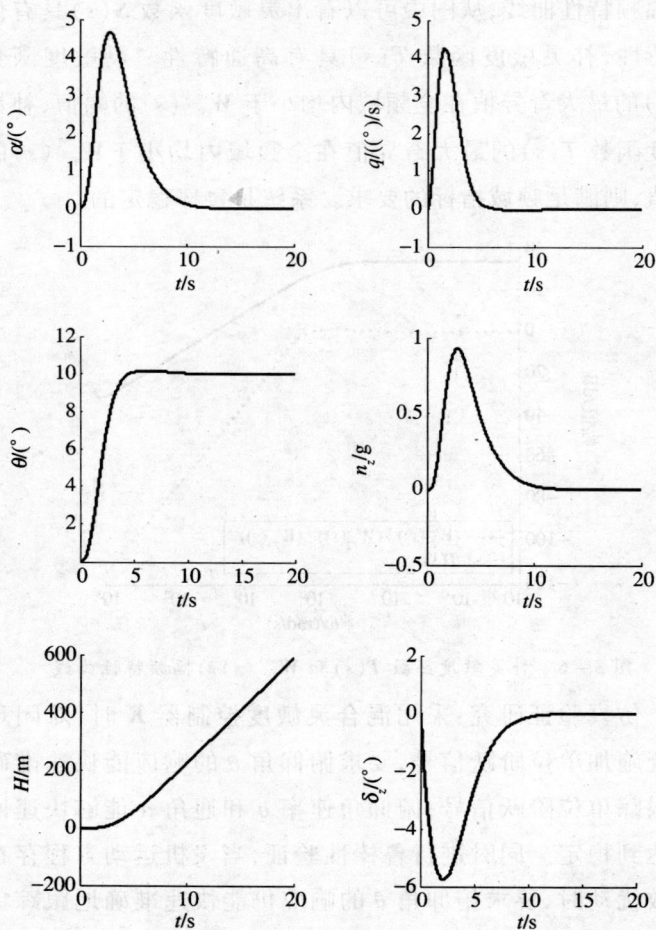

图 3-7　不含参数摄动时阶跃响应

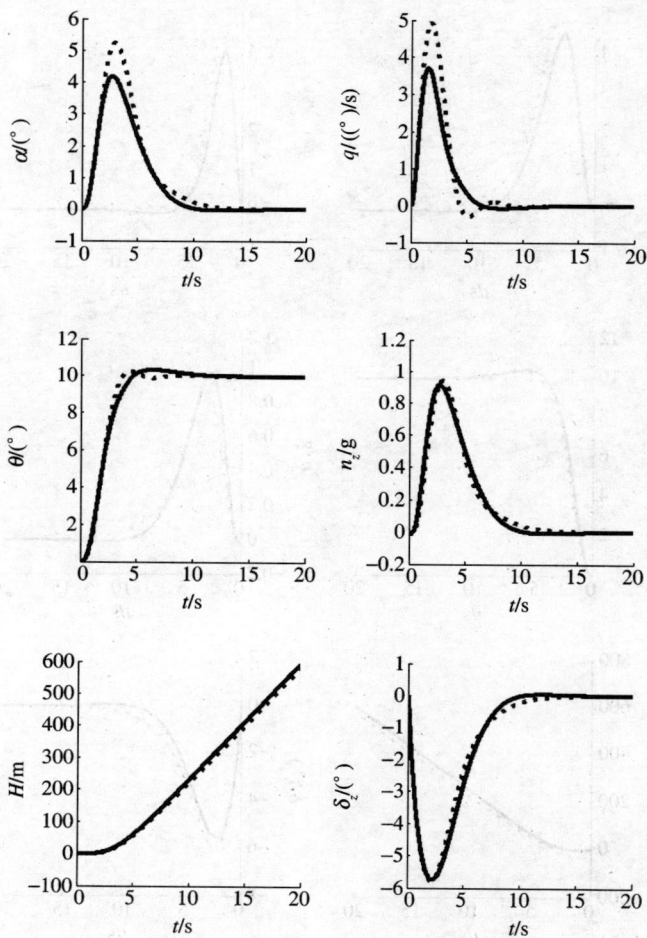

图 3-8　A阵含10%摄动时阶跃响应

∙∙∙∙ *A* -10%　——— *A* +10%

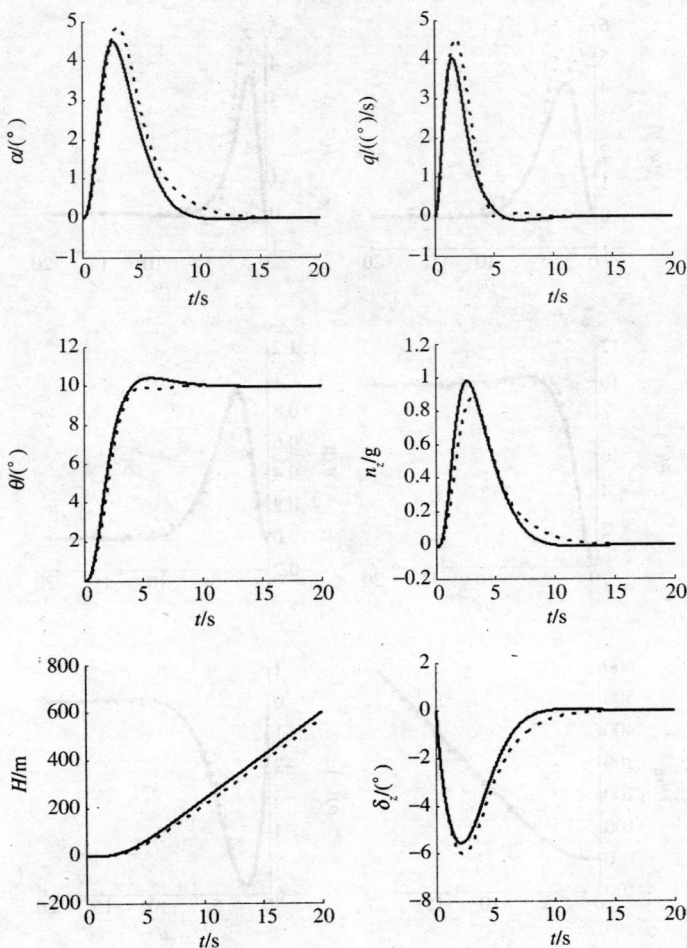

图 3-9 *A、B* 阵含 10% 摄动时阶跃响应

•••••• ***AB*** −10%   ——— ***AB*** +10%

从图 3 – 7 ~ 图 3 – 9 可以看出不管存在参数摄动与否, 阶跃响应的效果都比较好, 调节时间最长不超过 5s, 无稳态误差, 无振荡或振荡次数很少, 超调很小, 俯仰角响应能很好地跟踪单位阶跃信号, 俯仰角速率和迎角响应也能够快速回零达到稳定, 取得了较理想的控制效果。由此可以看出, 基于 H_∞ 混合灵敏度控制方法设计的纵向飞行控制系统具有较好的鲁棒性能, 无论飞机参数存在摄动与否都可以满足各项控制要求。

3.4.2 多状态点设计与仿真

飞机的气动导数随马赫数、高度和动压的变化而发生显著的变化, 使得飞机的动力学模型也随着飞行状态的改变而产生大幅度的摄动。因此, 在飞行控制律的设计中, 必须考虑飞机模型的变化, 以保证在飞行包线内的所有飞行状态, 飞机的飞行性能都能够满足飞行品质的要求。为此, 现役的很多战斗机采用了程序调参飞行控制律。程序调参飞行控制律实质上是增益调度控制(Gain-schedule), 它应用大气机测得的动压和静压等参数, 按照预定的程序(规律)实时调节控制器的增益, 以适应飞机动力学模型的变化。Su – 27 和 F – 16 等战斗机均采用此种控制律。程序调参飞行控制律不存在鲁棒性的问题, 但其调节器参数必须在很多运行条件下分别进行确定, 设计过程极其烦琐。因此, 希望设计得到的飞行控制器能在尽量大的飞行包线内良好工作, 以保证飞机的飞行性能和品质, 并且还具有较好的鲁棒稳定性和鲁棒性能,这样就可以尽量地减少增益调度程序的设计。

下面以某飞机纵向短周期运动为例,选定三个状态点,以状态点二所对应的数学模型为标称数学模型,设计 H_∞ 混合灵敏度控制器,使设计得到的控制器能够同时适用于这三个状态点,达到俯仰角控制的要求。其中:

状态点一,$Ma = 0.3, H = 0\mathrm{m}$;

状态点二,$Ma = 0.5, H = 5000\mathrm{m}$;

状态点三,$Ma = 0.7, H = 10000\mathrm{m}$。

该飞机纵向短周期运动方程为

$$\begin{cases} \dot{x} = Ax + Bu \\ y = Cx + Du \end{cases}$$

其中

状态点一

$$A = \begin{bmatrix} -0.6557 & 1.0000 & 0 \\ -1.2931 & -1.6531 & 0 \\ 0 & 1.0000 & 0 \end{bmatrix}, B = \begin{bmatrix} -0.00073 \\ -0.02022 \\ 0 \end{bmatrix}$$

状态点二

$$A = \begin{bmatrix} -0.6625 & 1.0000 & 0 \\ -2.1808 & -1.5594 & 0 \\ 0 & 1.0000 & 0 \end{bmatrix}, B = \begin{bmatrix} -0.00068 \\ -0.04084 \\ 0 \end{bmatrix}$$

状态点三

$$A = \begin{bmatrix} -0.5699 & 1.0000 & 0 \\ -2.4915 & -1.1436 & 0 \\ 0 & 1.0000 & 0 \end{bmatrix}, B = \begin{bmatrix} -0.00051 \\ -0.03959 \\ 0 \end{bmatrix}$$

$$C = \begin{bmatrix} 1 & 0 & 0 \\ 0 & 1 & 0 \\ 0 & 0 & 1 \end{bmatrix}, D = \begin{bmatrix} 0 \\ 0 \\ 0 \end{bmatrix}$$

式中:$x = \begin{bmatrix} \alpha & q & \theta \end{bmatrix}^T$, α、q、θ 分别表示迎角、俯仰角速率以及俯仰角的变化量;$u = \delta_e$, δ_e 表示升降舵变化量。

选定各加权函数如下:

$$W_S(s) = \begin{bmatrix} W_{S1}(s) & 0 & 0 \\ 0 & W_{S2}(s) & 0 \\ 0 & 0 & W_{S3}(s) \end{bmatrix},$$

$$W_T(s) = \begin{bmatrix} W_{T1}(s) & 0 & 0 \\ 0 & W_{T2}(s) & 0 \\ 0 & 0 & W_{T3}(s) \end{bmatrix},$$

$$W_R(s) = 0.0001$$

$$W_{S1}(s) = \frac{0.1815s + 3.15}{25.46s + 1.024},$$

$$W_{S2}(s) = \frac{0.1802s + 3.015}{25.46s + 0.00124},$$

$$W_{S3}(s) = \frac{0.18s + 15}{25.46s + 0.024}$$

$$W_{T1}(s) = W_{T2}(s) = W_{T3}(s) = 0.003s + 0.003$$

飞机舵机的简化模型为

$$J(S) = \frac{20}{s + 20}$$

构成最终的广义被控对象,进行控制器的迭代求解,得到 H_∞ 混合灵敏度控制器。

图 3-10 ~ 图 3-15 分别给出了状态点二、状态点一和状态点三时的灵敏度函数 $S(s)$ 和 $W_S^{-1}(s)$ 的幅频特性曲线以及补灵敏度函数 $T(s)$ 和 $W_T^{-1}(s)$ 的幅频特性曲线。从各图中可以看出,灵敏度函数 $S(s)$ 具有低通特性,补灵敏度函数 $T(s)$ 具有高通特性。灵敏度函数 $S(s)$ 的最大奇异值在全频域内均小于 $W_S^{-1}(s)$ 的幅值,补灵敏度函数的最大奇异值在全频域内均小于 $W_T^{-1}(s)$ 的幅值,则满足的频域指标的要求。系统是鲁棒稳定的。

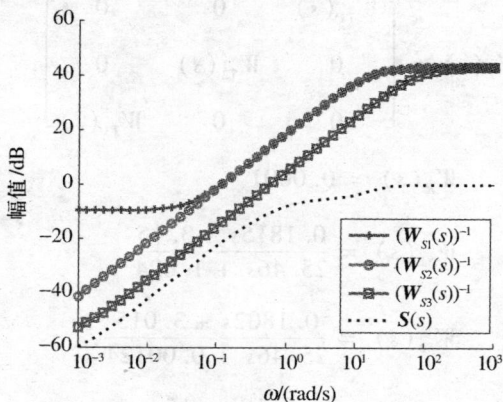

图 3-10 状态点二时灵敏度函数 $S(s)$
和 $W_S^{-1}(s)$ 的幅频特性曲线

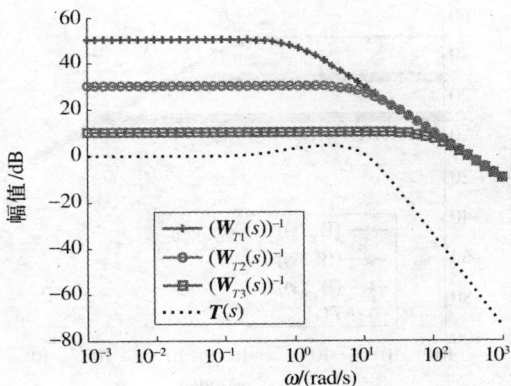

图 3 - 11   状态点二时补灵敏度函数 $T(s)$

和 $W_T^{-1}(s)$ 的幅频特性曲线

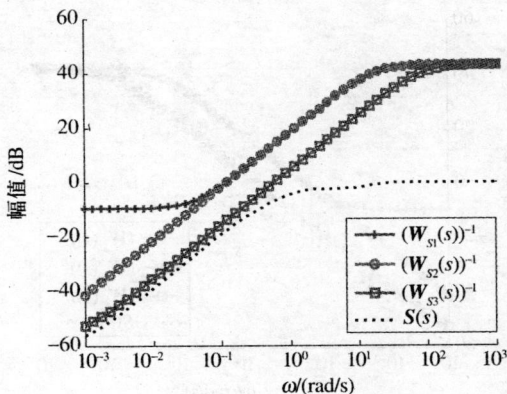

图 3 - 12   状态点一时灵敏度函数 $S(s)$

和 $W_S^{-1}(s)$ 的幅频特性曲线

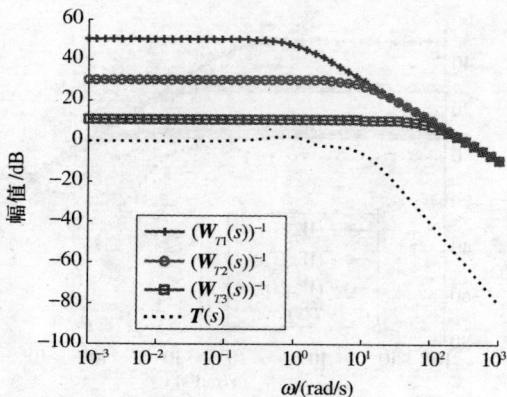

图 3 - 13　状态点一时补灵敏度函数 $T(s)$
和 $W_T^{-1}(s)$ 的幅频特性曲线

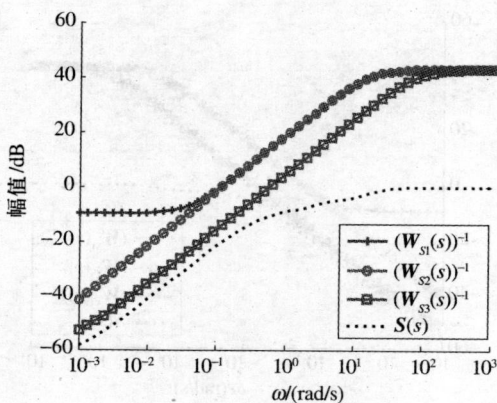

图 3 - 14　状态点三时灵敏度函数 $S(s)$
和 $W_S^{-1}(s)$ 的幅频特性曲线

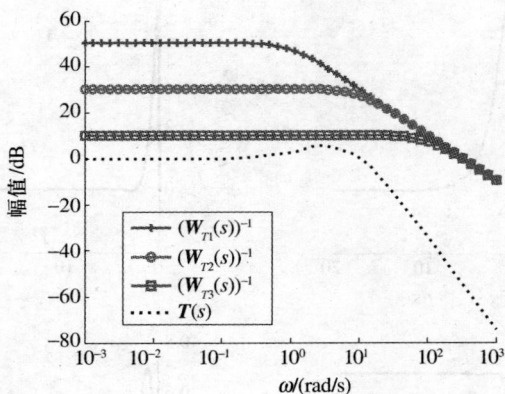

图 3 - 15　状态点三时补灵敏度函数 $T(s)$
和 $W_T^{-1}(s)$ 的幅频特性曲线

图 3 - 16 ~ 图 3 - 18 分别给出了状态点二、状态点一和状态点三时的单位阶跃响应曲线。从图中可以看出各状态阶跃响应的效果都较好,调节时间最长不超过 5 s,无稳态误差,无振荡或振荡次数较少,超调很小,俯仰角响应能很好地跟踪单位阶跃信号。由此可以看出,基于 H_∞ 混合灵敏度控制方法设计的飞行控制器具有较好的鲁棒性能,适用于较大的飞行包线。

通过以上仿真图可以看出,设计得到的 H_∞ 混合灵敏度控制器具有较好的鲁棒性,适用于三个状态点,且在这三个状态点的控制效果都较好,达到了设计要求。

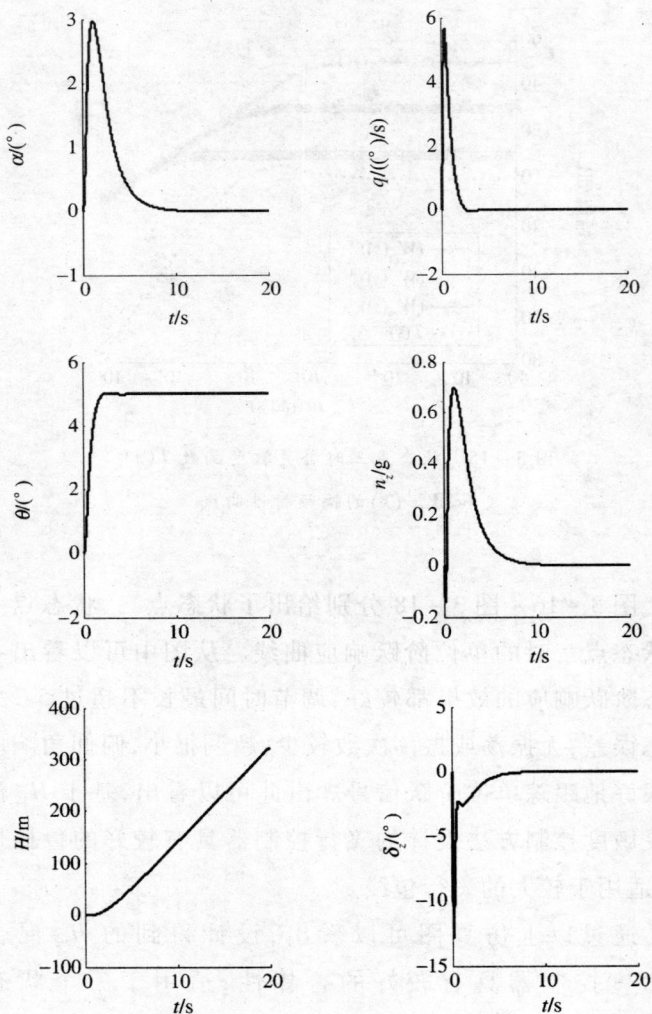

图 3-6 状态点二时阶跃响应

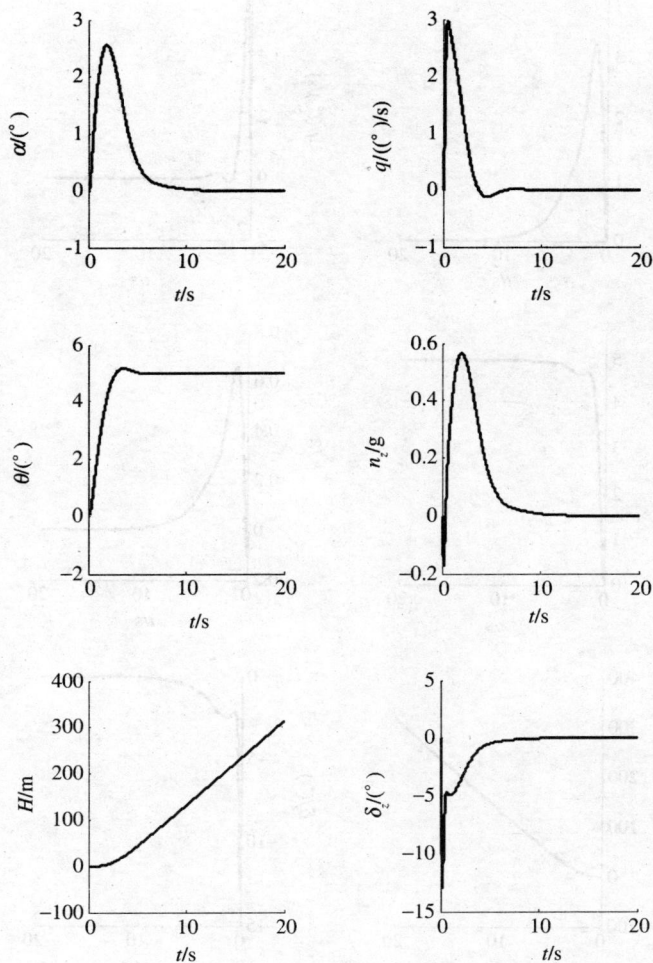

图 3-17 状态点一时阶跃响应

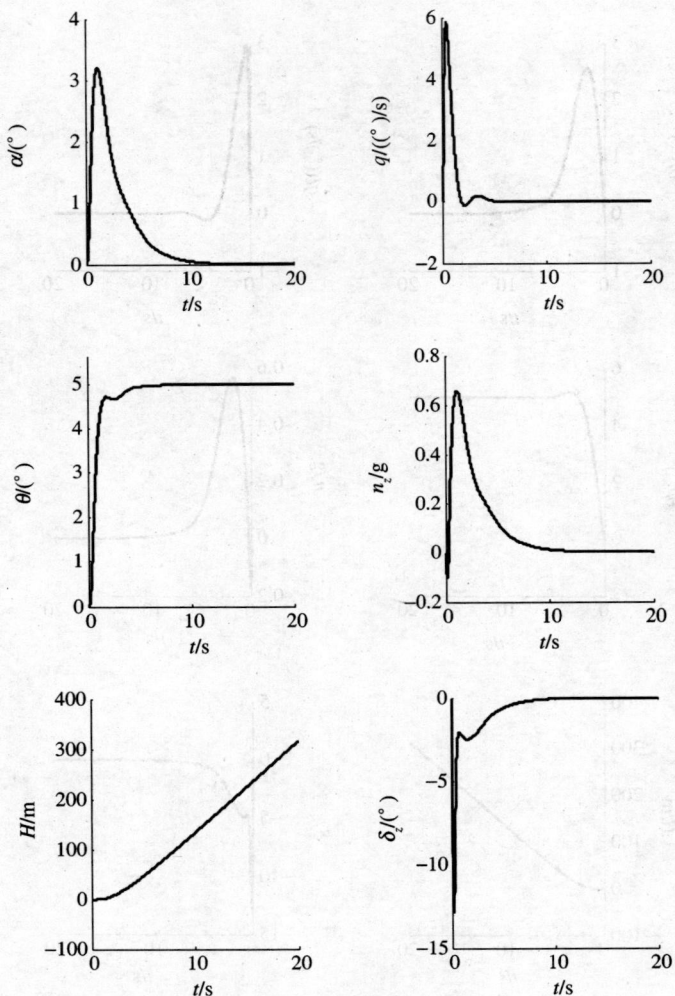

图 3-18 状态点三时阶跃响应

3.5 | 侧向飞行控制系统设计与仿真

某飞机侧向飞行状态为：飞行速度 $V_0 = 209.6241\mathrm{m/s}$，$Ma = 0.7, H = 10000\mathrm{m}$。侧向运动方程为

$$
\begin{bmatrix} \dot{\beta} \\ \dot{p} \\ \dot{r} \\ \dot{\phi} \end{bmatrix} = \begin{bmatrix} -0.07095 & 0.09619 & 1 & 0.046534 \\ -3.41612 & -0.70464 & -0.18579 & 0 \\ -0.65288 & 0.028717 & -0.14674 & 0 \\ 0 & 1 & -0.09649 & 0 \end{bmatrix} \begin{bmatrix} \beta \\ p \\ r \\ \phi \end{bmatrix} +
$$

$$
\begin{bmatrix} 0 & -0.07065 \\ -0.95347 & -1.8169 \\ 0.077928 & -2.93319 \\ 0 & 0 \end{bmatrix} \begin{bmatrix} \delta_a \\ \delta_r \end{bmatrix}
$$

$$
\begin{bmatrix} \dot{\beta} \\ \dot{p} \\ \dot{r} \\ \dot{\phi} \end{bmatrix} = \begin{bmatrix} 1 & 0 & 0 & 0 \\ 0 & 1 & 0 & 0 \\ 0 & 0 & 1 & 0 \\ 0 & 0 & 0 & 1 \end{bmatrix} \begin{bmatrix} \beta \\ p \\ r \\ \phi \end{bmatrix} + \begin{bmatrix} 0 & 0 \\ 0 & 0 \\ 0 & 0 \\ 0 & 0 \end{bmatrix} \begin{bmatrix} \delta_a \\ \delta_r \end{bmatrix}
$$

式中：$x = [\beta \quad p \quad r \quad \phi]^{\mathrm{T}}$，$\beta$、$p$、$r$、$\phi$ 分别表示侧滑角、滚转角速率、偏航角速率以及滚转角的变化量；$u = [\delta_a \quad \delta_r]^{\mathrm{T}}$，$\delta_a$ 表示副翼变化量，δ_r 表示方向舵的变化量。选取各加权函数如下：

$$\boldsymbol{W}_S(s) = \begin{bmatrix} W_{S1}(s) & 0 & 0 & 0 \\ 0 & W_{S2}(s) & 0 & 0 \\ 0 & 0 & W_{S3}(s) & 0 \\ 0 & 0 & 0 & W_{S4}(s) \end{bmatrix}$$

$$\boldsymbol{W}_T(s) = \begin{bmatrix} W_{T1}(s) & 0 & 0 & 0 \\ 0 & W_{T2}(s) & 0 & 0 \\ 0 & 0 & W_{T3}(s) & 0 \\ 0 & 0 & 0 & W_{T4}(s) \end{bmatrix}$$

$$\boldsymbol{W}_R = \begin{bmatrix} 0.0001987 & 0 \\ 0 & 0.0001987 \end{bmatrix}$$

$$W_{S1}(s) = \frac{0.0121s + 0.4}{12.889s + 0.024},$$

$$W_{S2}(s) = \frac{0.008(0.0121s + 0.4)}{12.89s + 0.024},$$

$$W_{S3}(s) = \frac{0.008(0.0121s + 0.4)}{12.89s + 0.024},$$

$$W_{S4}(s) = \frac{0.0121s + 0.4}{12.889s + 0.024},$$

$$W_{T1}(s) = W_{T2}(s) = W_{T3}(s) =$$

$$W_{T4}(s) = 0.0014(0.0877s + 0.08)$$

由飞机的侧向运动方程和加权函数构成广义被控对象,然后进行控制器的求解就可以得到 H_∞ 混合灵敏度控制器。

下面进行鲁棒稳定性分析验证和仿真验证。

图 3 – 19、图 3 – 20 分别给出了灵敏度函数 $S(s)$ 和

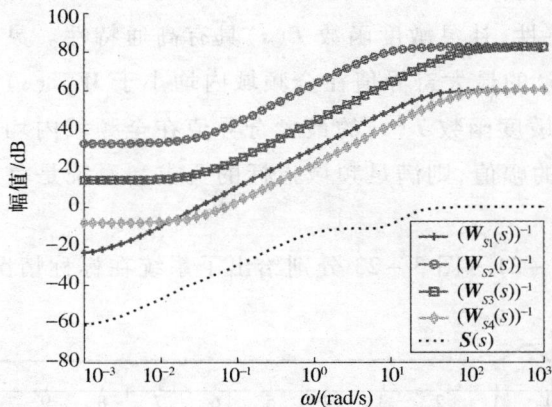

图 3 – 19 灵敏度函数 $S(s)$ 和

$W_S^{-1}(s)$ 的幅频特性曲线

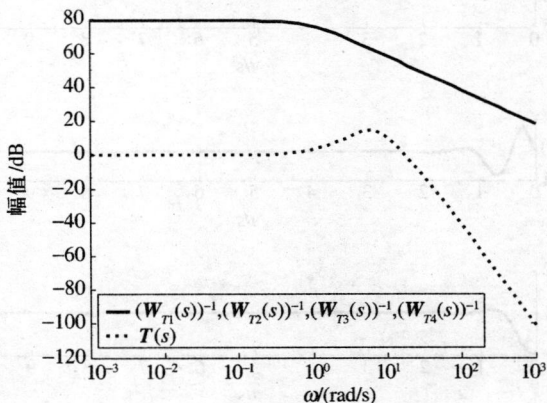

图 3 – 20 补灵敏度函数 $T(s)$ 和

$W_T^{-1}(s)$ 的幅频特性曲线

$W_S^{-1}(s)$ 的幅频特性曲线以及补灵敏度函数 $T(s)$ 和 $W_T^{-1}(s)$ 的幅频特性曲线。从图中可以看出灵敏度函数 $S(s)$ 具有低通特性,补灵敏度函数 $T(s)$ 具有高通特性。灵敏度函数 $S(s)$ 的最大奇异值在全频域内均小于 $W_S^{-1}(s)$ 的幅值,补灵敏度函数 $T(s)$ 的最大奇异值在全频域内均小于 $W_T^{-1}(s)$ 的幅值,则满足频域指标的要求。系统是鲁棒稳定的。

图 3 – 21 ~ 图 3 – 23 分别给出了系统在标称情况下、

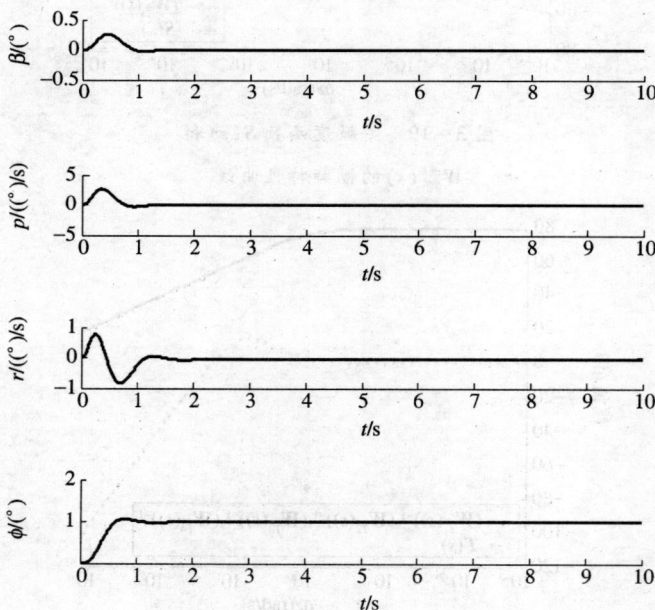

图 3 – 21　系统在标称情况下的阶跃响应

A 阵含 ±20% 摄动情况下以及 A、B 阵同时含 ±20% 摄动情况下的单位阶跃响应。

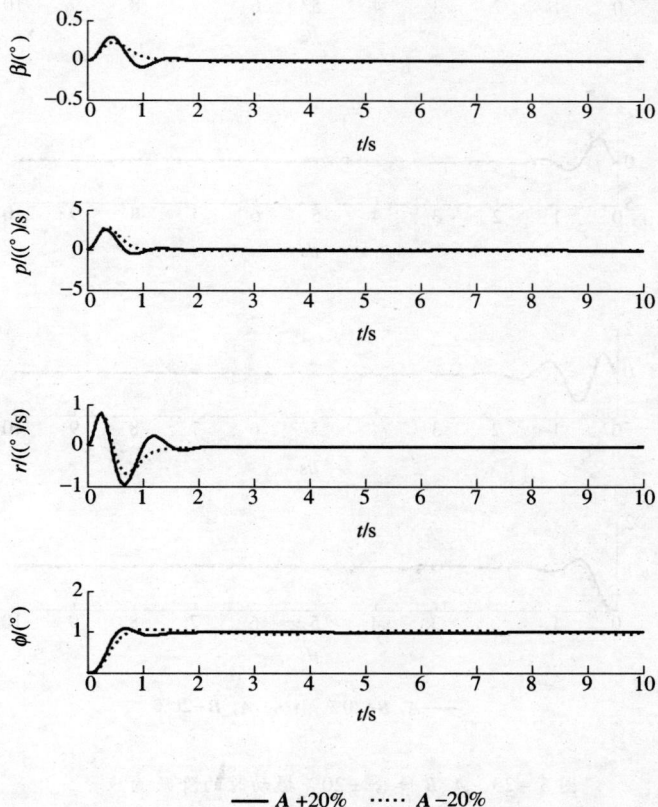

$$A +20\% \quad\text{——} \qquad A -20\% \quad\cdots\cdots$$

图 3-22 A 阵含 ±20% 摄动时的阶跃响应

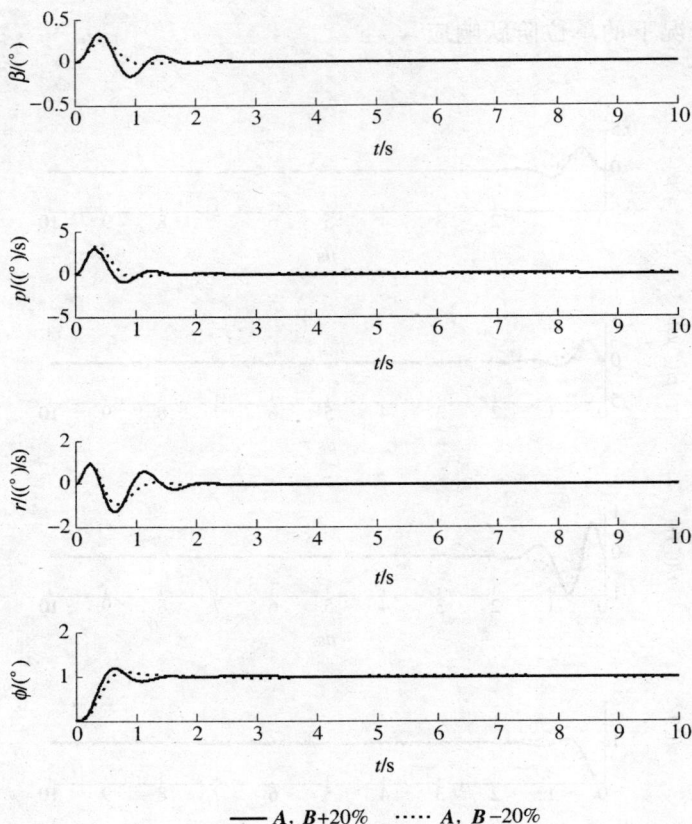

图 3-23 **A、B** 阵含 ±20% 摄动时的阶跃响应

——— **A**, **B**+20%   ········· **A**, **B**−20%

通过以上仿真结果可以看出,无论存在参数摄动与否,设计的控制器都能够很好地完成控制作用,使得系统响应能够较好地跟踪滚转角指令,同时能够较好地消除侧

滑角的影响,达到了飞机横侧向控制的要求。

通过以上仿真结果了可以看出,设计的 H_∞ 混合灵敏度控制器具有较好的鲁棒性,无论系统存在参数摄动与否,都能保证系统取得满意的控制效果和解耦效果。

小结

本章主要介绍了基于 H_∞ 混合灵敏度控制方法的飞行控制系统的设计与仿真。首先介绍了标准 H_∞ 控制问题;然后介绍了 H_∞ 混合灵敏度控制问题,包括其基本思想和方法;接着分析和总结了 H_∞ 混合灵敏度控制方法设计的关键环节加权函数的选取原则;最后基于 H_∞ 混合灵敏度控制方法进行了飞机单状态点纵向飞行控制系统以及多状态点纵向飞行控制系统的设计与仿真。

H_∞ 混合灵敏度控制方法设计出的鲁棒控制器的阶次较高。一般情况下,H_∞ 混合灵敏度控制器的阶次等于被控系统与加权函数的阶次之和。为了使所设计的鲁棒控制器在实际工程中易于可靠实现,应进一步对实用的控制器降阶方法进行研究。用 H_∞ 混合灵敏度控制方法进行控制器的设计需要合理选择加权函数,加权函数选择的好坏直接影响着控制系统的性能,现在选取加权函数的方法常以试凑法为主,这种方法既费时又费力,而且还不能保证选取到能使控制系统性能达到最优的加权函数,因此,应用各种进化算法和优化算法来优化加权函数是今后鲁棒控制理论研究中一个重要的研究内容。另外,应进一步对加权函数的结构进行研究,从而在选取加权函数时能较快地确定不同部位的加权函数的结构形式,进而选取其参数。

第4章

H_2/H_∞ 飞行控制系统设计

H_∞ 控制方法能够较好地解决飞行控制系统的鲁棒稳定性问题,它是目前鲁棒控制理论中理论体系比较完善而且应用比较成功的一种方法,但这种方法也存在着一定的缺陷,即牺牲了控制系统其他的一些性能。H_2 控制方法通过对动态性能和稳态性能以及控制能量的综合考虑,在二次性能指标函数的约束下得到最优控制器,H_2 最优控制器能够使系统在受到脉冲、白噪声等干扰输入时系统的输出能量最小,也就是系统的 H_2 范数最小,但 H_2 控制方法在被控对象存在不确定性时不能保证系统的鲁棒性,这是它的一个重大的缺陷。鉴于 H_∞ 控制方法和 H_2 控制方法各自的优点,1989 年 Bernstein 等人把 H_∞ 控制方法和 H_2 控制方法相结合,提出了 H_2/H_∞ 控制的设计思想,将 H_∞ 性能设计与 H_2 性能设计相结合,使闭环系统同时具有较好的鲁棒性和优良的系统性能,因此,该方法一经提出,就得到广泛的关注,并在很多领域得到了应用。

4.1 | 问题的提出

考虑如下 n 阶可控、可观被控对象的状态空间描述:

$$\dot{x}(t) = Ax(t) + B_1 w(t) + B_2 u(t) \quad (4-1a)$$

$$z_1(t) = C_1 x(t) + D_1 u(t) \quad (4-1b)$$

$$y(t) = C_2(t) + D_2 w(t) \quad (4-1c)$$

式中: $x \in \mathbf{R}^n$ 是状态向量; $z_1 \in \mathbf{R}^{m_1}$ 是被控输出; $y \in \mathbf{R}^q$ 是

测量输出；$w \in \mathbf{R}'$ 是标准白噪声。并假设 $C_1^T D_1 = 0$ 和 $B_1 B_1^T \geqslant 0, D_2 D_2^T > 0$，且 $B_1 D_2^T = 0$，即过程的噪声与测量（传感）噪声是不相关的。

所要设计的 $n_c (n_c \leqslant n)$ 输出反馈动态控制器取如下形式：

$$\dot{x}_c(t) = A_c x_c(t) + B_c y(t) \qquad (4-2a)$$

$$u(t) = C_c x_c(t) \qquad (4-2b)$$

其中 x_c 是控制器状态。由式（4-1）和式（4-2）构成的闭环系统为

$$\dot{\tilde{x}}(t) = \widetilde{A}\tilde{x}(t) + \widetilde{B}w(t) \qquad (4-3a)$$

$$z_1(t) = \widetilde{C}_1 \tilde{x}(t) \qquad (4-3b)$$

其中

$$\tilde{x} = \begin{bmatrix} x \\ x_c \end{bmatrix}, \quad \widetilde{A} = \begin{bmatrix} A & B_2 C_c \\ B_c C_2 & A_c \end{bmatrix},$$

$$\widetilde{B} = \begin{bmatrix} B_1 \\ B_c D_2 \end{bmatrix}, \quad \widetilde{C} = \begin{bmatrix} C_1 & D_1 C_c \end{bmatrix}$$

现在，给出 H_2/H_∞ 混合控制的定义。

问题 4.1 对于被控系统（4-1），设计输出反馈动态控制器（4-2），满足如下设计准则：

（1）求得的控制器与被控系统构成的闭环系统是渐近稳定的，即 $\widetilde{A}$ 是渐近稳定的。

（2）从 w 到 z_1 的闭环传递函数阵为

$$G_{z,w}(s) = \widetilde{C}_1(sI - \widetilde{A})^{-1}\widetilde{B} \tag{4-4}$$

$$\| G_{z,w}(s) \|_{\infty} \leqslant \gamma \tag{4-5}$$

式中:$\gamma > 0$ 是一给定常数。

（3）二次型性能指标泛函（价值率函数）为

$$J(A_c, B_c, C_c) = \lim_{t \to \infty} \frac{1}{t}E$$

$$\left\{ \int_0^t [\boldsymbol{x}^{\mathrm{T}}(s)\boldsymbol{R}_1\boldsymbol{x}(s) + \boldsymbol{u}^{\mathrm{T}}(s)\boldsymbol{R}_2\boldsymbol{u}(s)] \mathrm{d}s \right\}$$

$$\tag{4-6}$$

达极小值,其中加权矩阵

$$\boldsymbol{R}_1 = \boldsymbol{C}_0^{\mathrm{T}}\boldsymbol{C}_0 \geqslant 0, \quad \boldsymbol{R}_2 = \boldsymbol{D}_0^{\mathrm{T}}\boldsymbol{D}_0 > 0 \tag{4-7}$$

下面,对 LQG 问题的性能指标(4-6)做些讨论。可以证明,性能指标(4-6)等价于

$$J(A_c, B_c, C_c) = \lim_{t \to \infty}E[\boldsymbol{x}^{\mathrm{T}}(t)\boldsymbol{R}_1\boldsymbol{x}(t) + \boldsymbol{u}^{\mathrm{T}}(t)\boldsymbol{R}_2\boldsymbol{u}(t)]$$

$$\tag{4-8}$$

将式(4-2b)的 $\boldsymbol{u}(t)$ 和式(4-7)的加权矩阵分解式代入上式,得

$$J(A_c, B_c, C_c) = \lim_{t \to \infty}E[\boldsymbol{x}^{\mathrm{T}}(t)\boldsymbol{C}_0^{\mathrm{T}}\boldsymbol{C}_0 x(t) +$$

$$\boldsymbol{x}_c^{\mathrm{T}}(t)\boldsymbol{C}_c^{\mathrm{T}}\boldsymbol{D}_0^{\mathrm{T}}\boldsymbol{D}_0\boldsymbol{C}_c\boldsymbol{x}_c(t)] = \lim_{t \to \infty}E[\widetilde{\boldsymbol{x}}^{\mathrm{T}}(t)\widetilde{\boldsymbol{R}}\widetilde{\boldsymbol{x}}(t)]$$

$$\tag{4-9}$$

其中

$$\widetilde{\boldsymbol{R}} = \begin{bmatrix} \boldsymbol{C}_0^{\mathrm{T}}\boldsymbol{C}_0 & 0 \\ 0 & \boldsymbol{C}_c^{\mathrm{T}}\boldsymbol{D}_0^{\mathrm{T}}\boldsymbol{D}_0\boldsymbol{C}_c \end{bmatrix}$$

由加权矩阵的分解式(4-7),定义辅助被控输出信号

$$z_0(t) = C_0 x(t) + D_0 u(t) \qquad (4-10)$$

式中:$z_0 \in \mathbf{R}^{m_0}$。并假设 $C_0^T D_0 = 0$,则性能指标(4-6)等价于

$$J(A_c, B_c, C_c) = \lim_{t \to \infty} E[z_0^T(t) z_0(t)] \qquad (4-11)$$

实际上,当干扰 w 为零均值、单位方差高斯白噪声信号时,可以证明 LQG 问题的性能指标(4-6)(式(4-11))即为从 w 到 z_0 闭环传递函数阵 $G_{z_0 w}(s)$ 的 H_2 范数

$$\|G_{z_0(w)}(s)\|_2 = \left\{ \frac{1}{2\pi} \int_{-\infty}^{\infty} \mathrm{tr}[G_{z_0(w)}(\mathrm{j}w) G_{z_0 w}^*(\mathrm{j}w)] \mathrm{d}w \right\}^{\frac{1}{2}}$$

这样,如果对于给定的控制器 (A_c, B_c, C_c),$\widetilde{A}$ 是渐近稳定的,则性能指标(4-9)成为

$$J(A_c, B_c, C_c) = \lim_{t \to \infty} E[\tilde{x}^T(t) \widetilde{R} \tilde{x}(t)] =$$

$$\mathrm{tr}\{\lim_{t \to \infty} E[\tilde{x}^T(t) \widetilde{R} \tilde{x}(t)]\} = \mathrm{tr}\,\widetilde{Q}\,\widetilde{R} = \mathrm{tr}\,\widetilde{C}_0 \widetilde{Q}\,\widetilde{C}_0^T$$

$$(4-12)$$

其中,$\widetilde{C}_0 = [C_0 \quad D_0 C_c]$,并且根据式(4-11),由下式定义的稳态闭环状态协方差阵

$$\widetilde{Q} = \lim_{t \to \infty} E[\tilde{x}(t) \tilde{x}^T(t)] \qquad (4-13)$$

$$\begin{cases} \widetilde{A}\,\widetilde{Q} + \widetilde{Q}\,\widetilde{A}^T + \widetilde{B}\,\widetilde{B}^T = 0 \\ \widetilde{Q} = \int_0^{\infty} e^{\widetilde{A}t}\,\widetilde{B}\,\widetilde{B}^T e^{\widetilde{A}^T t}\,\mathrm{d}t \end{cases} \qquad (4-14)$$

以上对问题 4.1 中的 LQG 问题性能指标(4-6)做了讨论,指出性能指标(4-6)就是闭环系统从 w 到 z_0 的传递函数阵的 H_2 范数。然后,根据 H_2 范数的计算公式可以推得,稳态闭环状态协方差阵(4-13)满足 Lyapunov 方程(4-14)。

在稳态 LQG 问题性能指标(4-6)的基础上,再附加 H_∞ 范数界(4-5)(H_2/H_∞ 混合控制)的关键步骤是将 Lyapunov 方程(4-14)换成 Riccati 方程。下面的定理给出了这样的结果。

定理 4.1 给定 (A_c, B_c, C_c)。假设存在 $Q' \geqslant 0$ 满足 Riccati 方程

$$\widetilde{A}Q' + Q'\widetilde{A}^T + \gamma^{-2}Q'\widetilde{C}_1^T \widetilde{C}_1 Q' + \widetilde{B}\widetilde{B}^T = 0 \tag{4-15}$$

则 $(\widetilde{A}, \widetilde{B})$ 能稳定,当且仅当 $\widetilde{A}$ 是渐近稳定的。如果上述条件成立,则

$$\| G_{z_t w}(s) \|_\infty \leqslant \gamma \tag{4-16}$$

且

$$\widetilde{Q} \leqslant Q' \tag{4-17}$$

因此

$$J(A_c, B_c, C_c) \leqslant J(A_c, B_c, C_c, Q') \tag{4-18}$$

其中

$$J(A_c, B_c, C_c, Q') = \mathrm{tr}Q'\widetilde{R} \tag{4-19}$$

定理 4.1 说明,当 Riccati 方程(4-15)存在非负定解

Q'，且 $\widetilde{A}$ 渐近稳定时，H_∞ 范数界（4 – 16）成立。而且，所有这样的解 Q' 给出了稳态闭环状态协方差阵 $\widetilde{Q}$ 的一个上界。这样，根据定理4.1，就可以得到求解问题4.1的一种数学规划方法。

问题 4.2 在式（4 – 15）的约束下，确定参数（A_c，B_c，C_c，Q'），使式（4 – 19）的性能指标 $J(A_c,B_c,C_c,Q')$ 达到极小值。

上述优化问题可以被称为辅助优化问题，相应地，称性能指标 $J(A_c,B_c,C_c,Q')$ 为辅助性能指标。

下一节将给出问题4.2求解的 Riccati 方法。

最后，根据上面的讨论，将方程（4 – 1）和方程（4 – 10）两式合写在一起，就得到如下广义被控对象的状态空间描述

$$\dot{x}(t) = Ax(t) + B_1 w(t) + B_2 u(t)$$

$$(4 – 20a)$$

$$z_0(t) = C_0 x(t) + D_0 u(t) \qquad (4 – 20b)$$

$$z_1(t) = C_1 x(t) + D_1 u(t) \qquad (4 – 20c)$$

$$y(t) = C_2(t) + D_2 w(t) \qquad (4 – 20d)$$

问题4.1提出的 H_2/H_∞ 混合控制器设计问题均可以转化为图4 – 1所示的 H_2/H_∞ 混合标准控制问题。图中广义被控对象 G 的状态空间实现为式（4 – 20）。

问题 4.3 对于广义被控对象（4 – 20），设计输出反馈动态控制器（4 – 2），满足如下设计准则：

（1）闭环传递函数阵 $G_{z_1w}(s)$ 满足

$$\| G_{z_1w}(s) \|_\infty \leqslant \gamma$$

（2）闭环传递函数阵 $G_{z_0w}(s)$ 满足

$$\min_K \| G_{z_0w}(s) \|_2$$

相应的控制器 K,称为 H_2/H_∞ 混合最优控制器。

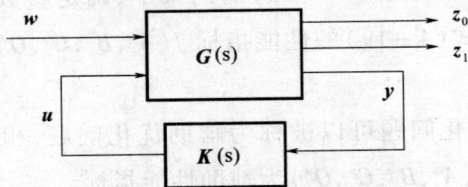

图 4-1 H_2/H_∞ 混合标准控制

4.2 | H_2 标准控制

4.2.1 H_2 性能

传递函数矩阵 $T(s) = C(sI - A)^{-1}B + D$ 的 H_2 范数定义成

$$\| T(s) \|_2 = \mathrm{tr}\left(\frac{1}{2\pi} \int_{-\infty}^\infty T(jw)T^*(jw)\mathrm{d}w \right)^{\frac{1}{2}}$$

或等价的

$$\| T(s) \|_2 = \mathrm{tr}\left(\frac{1}{2\pi} \int_{-\infty}^\infty T^*(jw)T^*(jw)\mathrm{d}w \right)^{\frac{1}{2}}$$

式中: $T^*(jw)$ 表示矩阵 $T(jw)$ 的共扼转置; $\mathrm{tr}(\cdot)$ 表示矩阵

的迹。

下面来认识一下系统 H_2 范数的意义。首先考虑以下形式的脉冲输入：

$$w(t) = \delta(t)e_i$$

式中：e_i 是空间 $\mathbf{R}^q$ 中标准基的第 i 个基向量，$i = 1, \cdots, q$，则对应于输入 w 和初始条件 $x(0) = 0$ 的系统输出 z^i 可以唯一确定，即

$$\begin{cases} C\exp(At)Be_i, t > 0 \\ De_i\delta(t), t = 0 \\ 0, t < 0 \end{cases}$$

由于系统假定是稳定的，所以当 $D = 0$ 时，对所有的 $i = 1, \cdots,$ q，输出 z^i 都是平方可积的，且

$$\sum_{i=1}^{q} \| z^i \|_2^2 = \mathrm{tr} \int_0^\infty B^T\exp(A^Tt)C^TC\exp(At)B\mathrm{d}t =$$

$$\mathrm{tr} \int_0^\infty C\exp(At)BB^T\exp(A^Tt)C^T\mathrm{d}t$$

由 Parseval 引理，上式中的最后一个表达式等于

$$\frac{1}{2\pi}\mathrm{tr} \int_{-\infty}^\infty T(\mathrm{j}w)T^*(\mathrm{j}w)\mathrm{d}w$$

这恰好是传递函数 $T(s)$ 的 H_2 范数。这一事实说明了 T 的 H_2 范数的平方等于系统脉冲响应的总的输出能量。这一关系还提供了确定一个稳定有理传递函数范数的直接计算方法。

对线性时不变的连续系统

$$\begin{cases} \dot{x}(t) = Ax(t) + Bw(t) \\ z(t) = Cx(t) + Dw(t) \end{cases} \tag{4-21}$$

定义矩阵

$$X = \int_0^\infty \exp(At) BB^T \exp(A^T t) \, dt$$

$$Y = \int_0^\infty \exp(A^T t) C^T C \exp(At) \, dt$$

矩阵 X 正好是上述系统的可控格拉姆矩阵,而 Y 则是系统的可观格拉姆矩阵。它们分别满足以下的 Lyapunov 方程:

$$\begin{cases} AX + XA^T + BB^T = 0 \\ YA + A^T Y + C^T C = 0 \end{cases}$$

因此,可以得到

$$\| T(s) \|_2^2 = \mathrm{tr}(CXC^T) = \mathrm{tr}(B^T YB)$$

H_2 范数的第二个解释是在随机意义下考虑。假定上述系统中的输入 w 是零均值的白噪声过程,那么在零初始条件下,系统的状态方差矩阵

$$W(t) = E[x(t)x^T(t)]$$

满足以下的矩阵方程:

$$W = AW + WA^T + BB^T, \quad W(0) = 0$$

因此,当 $D = 0$ 时,输出方差

$$E[z^T(t)z(t)] = E[x^T(t)C^T Cx(t)] =$$
$$E(\mathrm{tr}[Cx(t)x^T(t)C^T]) = \mathrm{tr}(CWC^T)$$

由于系统是渐近稳定的,故 $\lim\limits_{t \to \infty} W(t)$ 存在,且等于系统的可控格拉姆矩阵 X。因此,系统的稳态输出方差

$$\lim\limits_{t \to \infty} E[z(t)z^T(t)] = \mathrm{tr}(CWC^T)$$

这正是系统 $\| T(s) \|_2 = \Gamma_{ie} = \Gamma_{ep}$ H_2 范数的平方。这一事实说明了系统的 H_2 范数也可以用系统在白噪声输入信号激励

下的稳态输出方差来解释。

以上说明了系统场范数的实际意义，它是控制系统中的一个重要性能指标。

系统增益 Γ_{ie} 和 Γ_{ep} 与传递函数矩阵 $T(s)$ 的 H_2 范数有着密切的关系。对标量 $\alpha > 0$，当把它看成是一个矩阵时，有 $\text{tr}(\alpha) = \|\alpha\|$。故对单输入单输出系统，有 $\|T(s)\|_2 = \Gamma_{ie} = \Gamma_{ep}$。

以下定理用线性矩阵不等式刻画了系统的 $\|T(s)\|_2 = \Gamma_{ie} = \Gamma_{ep}$ 范数。

定理 4.2 假定系统(4 - 1)是渐近稳定的，则：

（1）$\|T\|_2 < \infty$，当且仅当 $D = 0$。

（2）如果 $D = 0$，则以下的结论是等价的：

① $\|T\|_2 < \gamma$；

② 存在对称矩阵 $X > 0$，使得

$$AX + XA^\mathrm{T} + BB^\mathrm{T} < 0, \text{tr}(CXC^\mathrm{T}) < \gamma^2$$

③ 存在对称矩阵 $Y > 0$，使得

$$A^\mathrm{T}Y + YA + C^\mathrm{T}C < 0, \text{tr}(B^\mathrm{T}YB) < \gamma^2$$

容易从前面的讨论得到本定理的结论。

根据该定理，可以应用 LMI 工具箱中的求解器 feasp 来检验系统是否满足给定的 H_2 范数约束条件。进一步，还可以用求解器 mincx 来计算系统传递函数 H_2 范数的最小上界。

Rotea(1993)证明了

$$\Gamma_{ep} = \frac{1}{2\pi}\lambda_{\max}\left(\int_{-\infty}^{\infty} T(\mathrm{j}w)T^*(\mathrm{j}w)\mathrm{d}w\right)$$

注意到当 z 是标量时,上式的右端恰好是系统传递函数 H_2 范数。因此,Γ_{ep} 称为系统(4-1)的广义 H_2 范数。

4.2.2　H_2 标准控制问题

考虑如图 4-2 所示的 H_2 标准控制问题。图中各信号均为向量值信号。

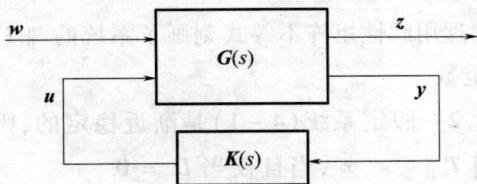

图 4-2　H_2 标准控制问题

图中:w 为外部输入信号,包括参考(指令)信号、干扰和传感器噪声;z 为被控输出信号,也称为评价信号,通常包括跟踪误差、调节误差和执行机构输出;u 为控制信号,y 为量测输出信号,如传感器输出信号;$G(s)$ 为广义被控对象;$K(s)$ 为控制器。$G(s)$ 是系统的给定部分,$K(s)$ 是待设计的。

广义被控对象 $G(s)$ 的状态空间实现为

$$\dot{x} = Ax + B_1 w + B_2 u$$
$$z = C_1 x + D_{11} w + D_{12} u$$
$$y = C_2 x + D_{12} w + D_{22} u$$

式中:$x \in \mathbf{R}^n, z \in \mathbf{R}^m, y \in \mathbf{R}^q, w \in \mathbf{R}^r, u \in \mathbf{R}^p$。相应的传递函数矩阵为

$$G(s) = \begin{bmatrix} G_{11}(s) & G_{12}(s) \\ G_{21}(s) & G_{22}(s) \end{bmatrix} = \begin{bmatrix} A & B_1 & B_2 \\ C_1 & D_{11} & D_{12} \\ C_2 & D_{21} & D_{22} \end{bmatrix}$$

即

$$\begin{bmatrix} z \\ y \end{bmatrix} = G(s) \begin{bmatrix} w \\ u \end{bmatrix} = \begin{bmatrix} G_{11}(s) & G_{12}(s) \\ G_{21}(s) & G_{22}(s) \end{bmatrix} \begin{bmatrix} w \\ u \end{bmatrix}$$

于是,图 4 - 2 中,从 w 到 z 的闭环传递函数矩阵等于

$$T_{wz}(s) = \mathrm{LFT}(G,K) = G_{11} + G_{12}K(I - G_{22}K)^{-1}G_{21}$$

它是线性分式变换(Linear Fractional Transformation, LFT)。

定义 4.1 (H_2 最优控制问题)求一正则有理控制器 $K(s)$,使闭环系统稳定且使传递函数阵的 H_2 范数极小,即

$$\min_K \| T_{zw}(s) \|_2$$

定义 4.2 (H_2 次优控制问题)给定 $\gamma > \min_K \| T_{zw}(s) \|_2$,求一正则实有理控制器 $K(s)$ 使闭环系统稳定且使

$$\| T_{zw}(s) \|_2 < \gamma$$

把以上两个定义给出的 H_2 最优与次优控制问题,统称为 H_2 标准控制问题。

4.3 | 基于 LMI 的 H_2 / H_∞ 控制

4.3.1 基于 LMI 的 H_∞ 控制

考虑图 4 – 3 所示的广义控制系统:

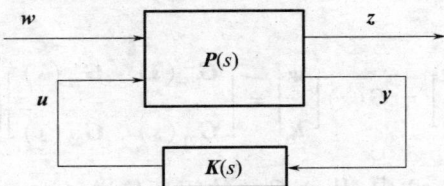

图 4 – 3 广义控制系统

图中:$P(s)$ 为广义线性时不变被控对象;$K(s)$ 为 H_∞ 控制器。$P(s)$ 是系统给定部分,$K(s)$ 是待设计的。广义被控对象 $P(s)$ 的状态空间实现为

$$\begin{cases} \dot{x} = Ax + B_1 w + B_2 u \\ z = C_1 x + D_{11} w + D_{12} u \\ y = C_2 x + D_{21} w + D_{22} u \end{cases} \quad (4-22)$$

式中:$x \in \mathbf{R}^n$ 是状态向量,$u \in \mathbf{R}^m$ 是控制输入,$y \in \mathbf{R}^p$ 是测量输出,$z \in \mathbf{R}^r$ 是被控输出,$w \in \mathbf{R}^q$ 是外部干扰。相应的传递函数矩阵为

$$P(s) = \begin{bmatrix} P_{11}(s) & P_{12}(s) \\ P_{21}(s) & P_{22}(s) \end{bmatrix} = \begin{bmatrix} A & B_1 & B_2 \\ \hline C_1 & D_{11} & D_{12} \\ C_2 & D_{21} & D_{22} \end{bmatrix}$$

$$(4-23)$$

假设系统的状态是可以直接观测得到的,则设计一个静态状态反馈控制器

$$u = Kx \qquad (4-24)$$

使得相应的闭环系统

$$\begin{cases} \dot{x} = (A + B_2 K)x + B_1 w \\ z = (C_1 + D_{12})x + D_{11} w \end{cases} \qquad (4-25)$$

是渐进稳定的,且由 w 到 z 的闭环传递函数阵 $T_{zw}(s)$ 满足

$$\| T_{zw}(s) \|_{\infty} = \| (C_1 + D_{12}K)$$

$$[sI - (A + B_2 K)]^{-1} B_1 + D_{11} \|_{\infty} < 1$$

$$(4-26)$$

具有这样性质的控制律称为系统(4-22)的一个状态反馈 H_∞ 控制律。

对于广义线性时不变系统(4-22)存在一个状态反馈 H_∞ 控制器,当且仅当存在一个对称正定矩阵 X 和矩阵 W,使得以下的矩阵不等式

$$\begin{bmatrix} AX + B_2 W + (AX + B_2 W)^{\mathrm{T}} & B_1 & (C_1 X + D_{12} W)^{\mathrm{T}} \\ B_1^{\mathrm{T}} & -I & D_{11}^{\mathrm{T}} \\ C_1 X + D_{12} W & D_{11} & -I \end{bmatrix} < 0$$

$$(4-27)$$

成立。进而,如果矩阵不等式(4-27)存在一个可行解 X^*、W^*,则 $u = W^*(X^*)^{-1}x$ 是系统(4-22)的一个状态反馈 H_∞ 控制器。

4.3.2 基于 LMI 的 H_2 控制

同样考虑图 4 - 3 所示的广义控制系统, $P(s)$ 仍为广义线性时不变被控对象, $K(s)$ 为 H_2 控制器, 广义被控对象 $P(s)$ 的状态空间实现为

$$\begin{cases} \dot{x} = Ax + B_1w + B_2u \\ z = Cx + Du \end{cases} \qquad (4 - 28)$$

x、z、u、w 的意义同 4.3.1 节中所述意义。

假设系统的状态是可以直接观测得到的, 并给定一个标量 $\gamma > 0$, 设计一个状态反馈控制器

$$u = Kx \qquad (4 - 29)$$

使得相应的闭环系统

$$\begin{cases} \dot{x} = (A + B_2K)x + B_1w \\ z = (C + DK)x \end{cases} \qquad (4 - 30)$$

是渐近稳定的, 且由 w 到 z 的闭环传递函数 $T_{zw}(s)$ 的 H_2 范数满足

$$\| T_{zw}(s) \|_2 < \gamma \qquad (4 - 31)$$

具有这样性质的控制律称为系统(4 - 28)的一个状态反馈 H_2 控制律。

对于广义线性时不变系统(4 - 28)以及一个标量 $\gamma > 0$, 存在一个状态反馈 H_2 控制器, 当且仅当存在对称正定矩阵 X、Z 和矩阵 W, 使得

$$AX + B_2W + (AX + B_2W)^T + B_1B_1^T < 0$$

$$(4 - 32)$$

$$\begin{bmatrix} -Z & CX+DW \\ (CX+DW)^{\mathrm{T}} & -X \end{bmatrix} < 0 \quad (4-33)$$

$$\mathrm{tr}(Z) < \gamma^2 \quad\quad\quad (4-34)$$

进而,如果矩阵不等式(4 - 32)~式(4 - 34)存在一个可行解 X^*、W^*、Z^*,则 $u = W^*(X^*)^{-1}x$ 是系统(4 - 28)的一个状态反馈 H_2 控制器。

4.3.3　基于 LMI 的 H_2/H_∞ 控制

考虑图4 - 4所示的标准 H_2/H_∞ 控制结构图:

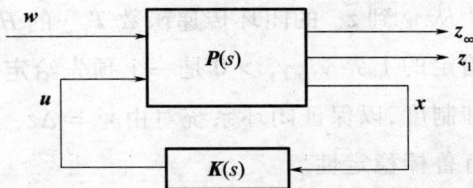

图 4 - 4　标准 H_2/H_∞ 控制结构图

其中:$P(s)$ 为广义线性时不变被控对象,$K(s)$ 为 H_2/H_∞ 控制器。广义被控对象 $P(s)$ 的状态方程描述如下:

$$\begin{cases} \dot{x} = Ax + B_1 w + B_2 u \\ z_\infty = C_\infty x + D_{\infty 1} w + D_{\infty 2} u \quad (4-35) \\ z_2 = C_2 x + D_{21} w + D_{22} u \end{cases}$$

式中:u 是控制信号;w 为外部输入信号;z_∞ 和 z_2 是对应的 H_∞ 和 H_2 指标被控输出。且有 $x \in \mathbf{R}^n, u \in \mathbf{R}^m, w \in \mathbf{R}^q, z_\infty \in \mathbf{R}^{r_1}, z_2 \in \mathbf{R}^{r_2}$。

设计一个状态反馈控制律

$$u = Kx \qquad (4-36)$$

得到相应的闭环系统描述为

$$\begin{cases} \dot{x} = (A + B_2 K)x + B_1 w \\ z_\infty = (C_\infty + D_{\infty 2} K)x + D_{\infty 1} w \qquad (4-37) \\ z_2 = (C_2 + D_{22} K)x + D_{21} w \end{cases}$$

闭环系统(4-37)若满足以下性能指标:

(1)闭环系统是渐近稳定的,即系统状态矩阵的所有特征值皆在左半开复平面中。

(2)从 w 到 z_∞ 的闭环传递函数 $T_{z_\infty w}$ 的 H_∞ 范数不超过一个给定的上界 γ_1, $\gamma_1 > 0$ 是一个预先给定的闭环系统的扰动抑制度,以保证闭环系统对由 $w = \Delta z_\infty$ 进入的不确定性具有鲁棒稳定性。

(3)从 w 到 z_2 的闭环传递函数 $T_{z_2 w}$ 的 H_2 范数尽可能小,以保证用 H_2 范数度量的系统性能处于一个好的水平,例如:对于白噪声输入 w,z_2 具有较小的稳态方差;或对于脉冲输入 w,z_2 被控输出具有较小的能量。

满足上述性能指标的控制律称为系统(4-35)的 H_2/H_∞ 状态反馈控制律。

4.3.4 求解算法

对于广义线性时不变系统(4-35)以及标量 $\gamma_1 > 0$,$\gamma_2 > 0$,存在一个状态反馈 H_2/H_∞ 控制律(4-35),当且仅

当存在对称正定矩阵 X_1、X_2 和 Z，使得

$$
\begin{cases}
\begin{bmatrix}
(A + B_2 K)X_1 + X_1(A + B_2 K)^{\mathrm{T}} & B_1 & X_1(C_\infty + D_{\infty 2}K)^{\mathrm{T}} \\
B_1^{\mathrm{T}} & -\gamma_1 I & D_{\infty 1}^{\mathrm{T}} \\
(C_\infty + D_{\infty 2}K)X_1 & D_{\infty 1} & -\gamma_1 I
\end{bmatrix} < 0 \\
(A + B_2 K)X_2 + X_2(A + B_2 K)^{\mathrm{T}} < 0 \\
\begin{bmatrix}
-Z & (C_2 + D_{22}K)X_2 \\
X_2(C_2 + D_{22}K)^{\mathrm{T}} & -X_2
\end{bmatrix} < 0 \\
D_{21} = 0 \\
\mathrm{tr}(Z) < \gamma_2
\end{cases}
$$

$$(4-38)$$

在以上线性矩阵不等式系统中，同一个控制律增益矩阵和两个 Lyapunov 矩阵 X_1 和 X_2 耦合在一起，不方便求解，为此，引入一个公共 Lyapunov 矩阵 X 使得

$$X = X_1 = X_2$$

同时引入矩阵 W，则线性矩阵不等式系统（4-38）可以转化为

$$
\begin{cases}
\begin{bmatrix}
AX + B_2 W + (AX + B_2 W)^{\mathrm{T}} & B_1 & (C_\infty X + D_{\infty 2}W)^{\mathrm{T}} \\
B_1^{\mathrm{T}} & -\gamma_1 I & D_{\infty 1}^{\mathrm{T}} \\
C_\infty X + D_{\infty 2}W & D_{\infty 1} & -\gamma_1 I
\end{bmatrix} < 0 \\
AX + B_2 W + (AX + B_2 W)^{\mathrm{T}} < 0 \\
\begin{bmatrix}
-Z & C_2 X + D_{22}W \\
(C_2 X + D_{22}W)^{\mathrm{T}} & -X
\end{bmatrix} < 0 \\
\mathrm{tr}(Z) < \gamma_2
\end{cases}
$$

$$(4-39)$$

求解得到一个最优解 X、W,则广义线性时不变系统(4 –35)的 H_2/H_∞ 状态反馈控制律为

$$u = WX^{-1}x$$

4.4 │ 飞控系统设计与仿真

某飞机纵向飞行状态为:飞行速度 $V_0 = 209.6241\mathrm{m/s}$, $Ma = 0.7, H = 10000\mathrm{m}$。纵向短周期运动方程为

$$\begin{cases} \dot{x} = Ax + Bu \\ y = Cx + Du \end{cases}$$

式中:$x = \begin{bmatrix} \alpha & q & \theta \end{bmatrix}^{\mathrm{T}}$,$\alpha$、$q$、$\theta$ 分别表示迎角、俯仰速率以及俯仰角;$u = \delta_e$,δ_e 表示升降舵变化量。对其进行 H_2/H_∞ 状态反馈控制器设计。

首先建立广义线性时不变被控系统的模型,由该飞机的纵向运动方程并选择 H_∞ 性能和 H_2 性能加权阵就可以得到广义被控系统的参数如下:

$$A = \begin{bmatrix} -0.5699 & 1 & 0 \\ -2.4915 & -1.1436 & 0 \\ 0 & 1 & 0 \end{bmatrix}, \quad B_1 = \begin{bmatrix} 0.8 \\ 0.8 \\ 1.0 \end{bmatrix}$$

$$B_2 = \begin{bmatrix} -0.0293 \\ -2.2628 \\ 0 \end{bmatrix}, \quad C_\infty = \begin{bmatrix} 0.5 & 0 & 0 \\ 0 & 0.6 & 0 \\ 0.6 & 0 & 1.0 \end{bmatrix}$$

$$C_2 = \begin{bmatrix} 0.3 & 0 & 0.08 \\ 0 & 0.3 & 0 \\ 0.1 & 0 & 0.2 \end{bmatrix}, \; D_{\infty 1} = D_{21} = \begin{bmatrix} 0 \\ 0 \\ 0 \end{bmatrix}$$

$$D_{\infty 2} = \begin{bmatrix} 0 \\ 0 \\ 1.0 \end{bmatrix}, \; D_{22} = \begin{bmatrix} 1.0 \\ 1.0 \\ 1.0 \end{bmatrix}$$

可以使用 MATLAB 软件中的线性矩阵不等式工具箱构造得到广义线性时不变被控系统 $P(s)$ 的矩阵形式为

$$P(s) = \begin{bmatrix} A & B_1 & B_2 \\ \hline C_\infty & D_{\infty 1} & D_{\infty 2} \\ C_2 & D_{21} & D_{22} \end{bmatrix}$$

然后就可以进行控制器的迭代求解。广义线性时不变被控系统在只有 H_∞ 范数约束时迭代求解,得到此时的 H_∞ 范数最优界值为 $g_{opt} = 1.430$,则说明在最终进行的 H_2/H_∞ 控制器的迭代求解中必须要使 $\gamma_1 > 1.430$,这样才可以迭代得到稳定的控制器。在只有 H_2 范数约束时迭代求解,得到此时的 H_2 范数最优界值为 $h_{2opt} = 0.717$,此时,对应的 H_∞ 范数值为 10.416,则可以选定 γ_1 在 1.430 ~ 10.416 进行控制器的迭代求解,并同时计算出每次迭代所产生的 H_2 范数值,以上计算得到的是 H_∞ 范数和 H_2 范数的界值。但使用界值关系选定 γ_1 值进行的控制器的迭代求解得到的 H_2/H_∞ 控制器是具有较大的保守性的,因此,为减小最终控制器的保守性,需要在上述迭代过程的同时计算得到相应闭环系统的 H_∞ 范数和 H_2 范数的真值,使用真值关系来选定最终的 γ_1 的值。图4-5绘出了 H_∞ 范数和 H_2 范数的界值、真值关系曲线。

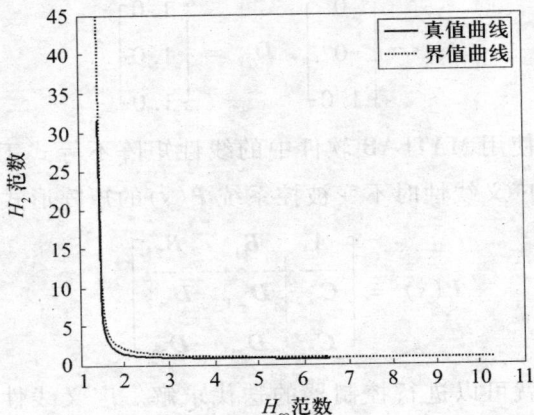

图4-5　H_∞ 范数和 H_2 范数的界值、真值关系曲线

　　从图4-5中可以看出,系统的 H_∞ 范数和 H_2 范数之间存在着一种反比例的关系,即 H_∞ 范数增大时 H_2 范数是减小的,H_∞ 范数越大 H_2 范数就越小,这也就说明了在实际设计当中,系统的 H_∞ 性能和 H_2 性能是始终矛盾着的,是不可兼得的,这就需要设计者对 H_∞ 性能和 H_2 性能进行合理的折中来选取适当的 γ_1 值,以使最终迭代得到的控制器能够同时兼顾系统的 H_∞ 性能和 H_2 性能。从图4-5中还可以看出,当 H_∞ 范数的真值从4.800开始后,H_2 范数的真值就趋于稳定,这就说明 H_∞ 范数的真值大于4.800以后,无论其取何值,系统的 H_2 范数的真值是不会变化

的,选取任意 γ_1 值($\gamma_1 \geqslant 4.800$)进行控制的迭代求解可以保证闭环系统的 H_2 性能是不变且较优的。但经过反复实验表明,若 γ_1 的值选取越大,闭环系统的动态性就越差,就不能保证系统具有较好的动态性能。因此,为同时兼顾系统的 H_∞ 性能和 H_2 性能,最终选取 $\gamma_1 = 4.800$ 进行 H_2/H_∞ 控制器的迭代求解。

迭代求解得到的状态反馈控制增益矩阵为

$$K = \begin{bmatrix} -0.5111 & 0.0461 & 0.4228 \end{bmatrix}$$

相应的公共 Lyapunov 矩阵为

$$X = \begin{bmatrix} 0.6414 & 0.0271 & 0.4646 \\ 0.0271 & 0.7267 & -0.6281 \\ 0.4646 & -0.6281 & 1.6674 \end{bmatrix}$$

下面进行结果分析与仿真验证。

经过计算得闭环系统的 H_∞ 范数值为 3.8466,满足设计要求 $\parallel T_{z_\infty w}(s) \parallel_\infty < \gamma_1 = 4.800$。闭环系统的 H_2 范数值为 0.8454,闭环系统的 H_2 范数值小于 1,这样就可以使闭环系统对白噪声干扰有很好的抑制作用,所以闭环系统满足 H_∞ 性能和 H_2 性能的要求。

图 4-6 给出了闭环系统状态增量的脉冲响应曲线,从图中可以看出,闭环系统脉冲响应的上升时间 t_r 都在 4s 之内,调节时间 t_s 都在 14s 之内,闭环系统的响应都能较快地达到稳定状态,且振荡次数也不多,取得了较好的控制效果。

结合实际的飞行控制系统,针对上述闭环系统模型,

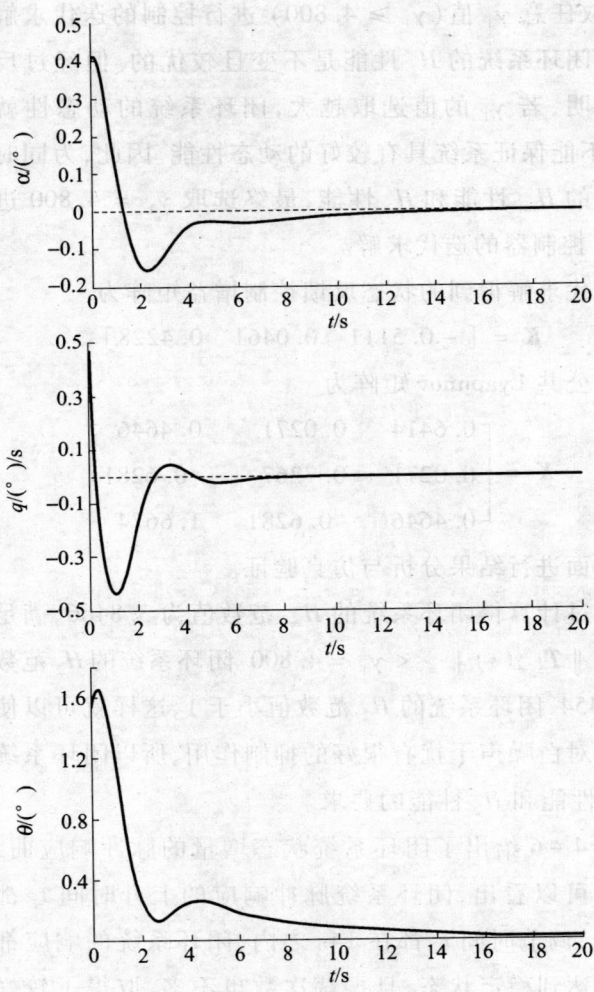

图 4 - 6　闭环系统状态增量的脉冲响应曲线

需要抑制的干扰包括传感器噪声和阵风等。用正态白噪声(强度为 1)来模拟干扰。图 4-7 给出了闭环系统对白噪声干扰的响应曲线。从图中可以看出闭环系统将白噪声分别抑制在 ±0.05、±0.04、±0.05 的强度范围内。可

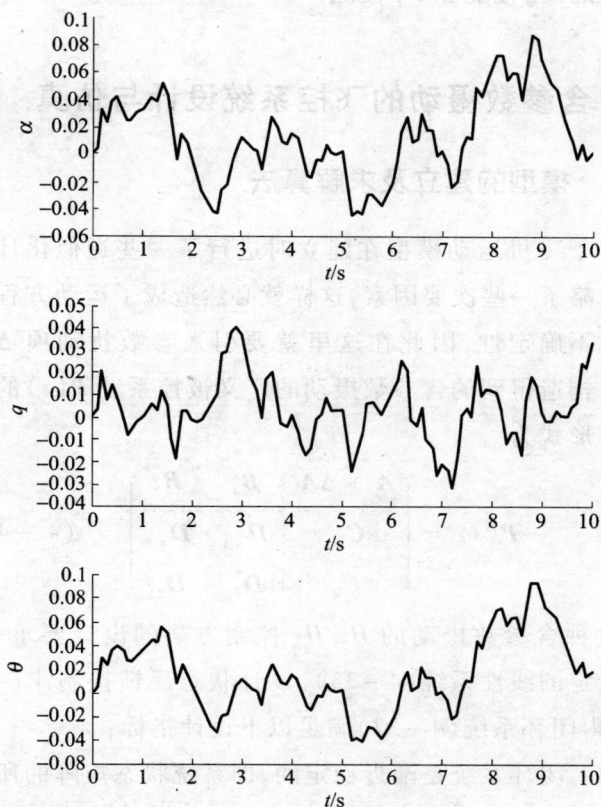

图 4-7 闭环系统对白噪声干扰的响应曲线

见闭环系统对白噪声干扰有较好的抑制作用,取得了良好的鲁棒性能。

通过以上仿真和分析可以看出,闭环系统在鲁棒稳定的条件下,对白噪声干扰也有很好的抑制作用,同时取得了良好的 H_∞ 性能和 H_2 性能。

4.5 | 含参数摄动的飞控系统设计与仿真

4.5.1 模型的建立及求解算法

由于飞机运动模型在建立时进行了一些近似化计算并且忽略了一些次要因素,这样就必然造成了运动方程存在参数不确定性,因此在这里就要引入参数扰动项 ΔA。则最终构造得到的含参数摄动的广义被控系统 $P(s)$ 的系统矩阵形式为

$$P(s) = \begin{bmatrix} A + \Delta A & B_1 & B_2 \\ C_\infty & D_{\infty 1} & D_{\infty 2} \\ C_2 & D_{21} & D_{22} \end{bmatrix} \qquad (4-40)$$

这种含参数摄动的 H_2/H_∞ 控制方法的设计要求是,对于给定的线性系统(4-35),设计状态反馈控制律(4-36)使得闭环系统(4-37)满足以下设计指标:

(1) 闭环系统是渐近稳定的,即系统状态矩阵的所有特征值皆在左半开复平面中;

(2) 从 $w(t)$ 到 $z_\infty(t)$ 的闭环传递函数 $T_{z_\infty w}(s)$ 的 H_∞

范数 $\| \boldsymbol{T}_{z_\infty w}(s) \|_\infty$ 最小,并且对于给定的标量 $\gamma_1 > 0$,满足

$$\| \boldsymbol{T}_{z_\infty w}(s) \|_\infty < \gamma_1$$

(3) 在满足上述两个要求的情况下,使从 $w(t)$ 到 $z_2(t)$ 的闭环传递函数 $\boldsymbol{T}_{z_2 w}(s)$ 的 H_2 范数 $\| \boldsymbol{T}_{z_2 w}(s) \|_2$ 达到最小。

对于以上要求满足:

(1) H_∞ 性能要求 $\| \boldsymbol{T}_{z_\infty w}(s) \|_\infty < \gamma_1$ 的条件为,当且仅当存在一个对称正定矩阵 $\boldsymbol{X}_1$,使得

$$\begin{bmatrix} (\boldsymbol{A} + \boldsymbol{B}_2\boldsymbol{K})\boldsymbol{X}_1 + \boldsymbol{X}_1 (\boldsymbol{A} + \boldsymbol{B}_2\boldsymbol{K})^{\mathrm{T}} & \boldsymbol{B}_1 & \boldsymbol{X}_1 (\boldsymbol{C}_\infty + \boldsymbol{D}_{\infty 2}\boldsymbol{K})^{\mathrm{T}} \\ \boldsymbol{B}_1^{\mathrm{T}} & -\gamma_1\boldsymbol{I} & \boldsymbol{D}_{\infty 1}^{\mathrm{T}} \\ (\boldsymbol{C}_\infty + \boldsymbol{D}_{\infty 2}\boldsymbol{K})\boldsymbol{X}_1 & \boldsymbol{D}_{\infty 1} & -\gamma_1\boldsymbol{I} \end{bmatrix} < 0$$

$$(4 - 41)$$

(2) 满足 H_2 性能要求 $\min \| \boldsymbol{T}_{z_2 w}(s) \|_2$ 的条件为,当且仅当存在对称矩阵 $\boldsymbol{X}_2$ 和 $\boldsymbol{Q}$,使得

$$\begin{bmatrix} (\boldsymbol{A} + \boldsymbol{B}_2\boldsymbol{K})\boldsymbol{X}_2 + \boldsymbol{X}_2 (\boldsymbol{A} + \boldsymbol{B}_2\boldsymbol{K})^{\mathrm{T}} & \boldsymbol{B}_1 \\ \boldsymbol{B}_1^{\mathrm{T}} & -\boldsymbol{I} \end{bmatrix} < 0$$

$$(4 - 42)$$

$$\begin{bmatrix} \boldsymbol{Q} & (\boldsymbol{C}_2 + \boldsymbol{D}_{22}\boldsymbol{K})\boldsymbol{X}_2 \\ \boldsymbol{X}_2 (\boldsymbol{C}_2 + \boldsymbol{D}_{22}\boldsymbol{K})^{\mathrm{T}} & \boldsymbol{X}_2 \end{bmatrix} > 0$$

$$(4 - 43)$$

$$\min(\mathrm{tr}(\boldsymbol{Q}))\qquad(4 - 44)$$

为了便于处理,把求解问题转化成为一个线性矩阵不等式的凸优化问题。首先要寻找一个公共的 Lyapunov 矩阵 X 使得 $X = X_1 = X_2$。之后上述的控制问题可以转化为下述凸优化问题[55]:

$$\min(\alpha \parallel T_{z_\infty w} \parallel_\infty^2 + \beta \parallel T_{z_2 w} \parallel_2^2) \qquad (4-45)$$

这样一个凸优化问题进而又可以通过建立和求解如下凸优化问题来解决:

$$
\begin{cases}
\min_{\gamma, X, Q}(\alpha\gamma^2 + \beta\mathrm{tr}(Q)) \\[2mm]
\begin{bmatrix}
AX + XA^T + B_2KX + X^TK^TB_2^T & B_1 & XC_\infty^T + X^TK^TD_{\infty 2}^T \\
B_1^T & -\gamma I & D_{\infty 1}^T \\
C_\infty X + D_{\infty 2}KX & D_{\infty 1} & -\gamma I
\end{bmatrix} < 0 \\[6mm]
\begin{bmatrix}
Q & C_2X + D_{22}KX \\
XC_2^T + X^TK^TD_{22}^T & X
\end{bmatrix} > 0 \\[4mm]
\min(\mathrm{tr}(Q)) \\[2mm]
\gamma < \gamma_1
\end{cases}
$$

$$(4-46)$$

4.5.2 飞控系统设计与仿真

对 4.4 节所示的某飞机纵向运动方程引入参数摄动项 ΔA,ΔA 中的参数的确定方法为:A 阵中的对应各参数

（共 9 个）乘以该参数的变化范围即为 ΔA 中的参数值。在此，假定 A 阵中第一行参数的变化范围为 -20% ～ $+20\%$，第二行第三行参数的变化范围为 -10% ～ $+10\%$。

其余的矩阵不变，则可以最终构造得到的如式（4-40）所示的广义被控系统矩阵 $P(s)$。

在设计中，折中 H_∞ 性能指标和 H_2 性能指标，选定 $\alpha = 0.5, \beta = 0.5, \gamma_1 = 3$，使用线性矩阵不等式工具箱对式（4-45）和式（4-46）所示的线性矩阵不等式组进行迭代求解。最终得到的状态反馈增益矩阵为

$$K = \begin{bmatrix} -1.0978 & 0.5325 & 1.6197 \end{bmatrix}$$

相应的公共 Lyapunov 矩阵为

$$X = \begin{bmatrix} 3.092 & -0.25575 & 1.7096 \\ -0.25575 & 4.8674 & -2.0033 \\ 1.7096 & -2.0033 & 2.0435 \end{bmatrix}$$

最终得到的闭环系统的 H_∞ 范数值为：$\gamma = 2.2986$，满足 $\gamma < \gamma_1$ 的设计要求。此时，闭环系统的 H_2 范数值为 2.0657。闭环系统的 H_∞ 范数值和 H_2 范数值相差很小，这也符合设计之初折中 H_∞ 性能指标和 H_2 性能指标的要求。

图 4-8 给出了闭环系统在无参数摄动和有最大正负参数摄动时状态增量的脉冲响应曲线，从图中可以看出，无论存在参数摄动与否，闭环系统脉冲响应的上升时间 t_r

都在 2s 之内,调节时间 t_s 都在 6s 之内,闭环系统的响应都能较快地达到稳定状态,且振荡次数也不多,取得了较好的控制效果。

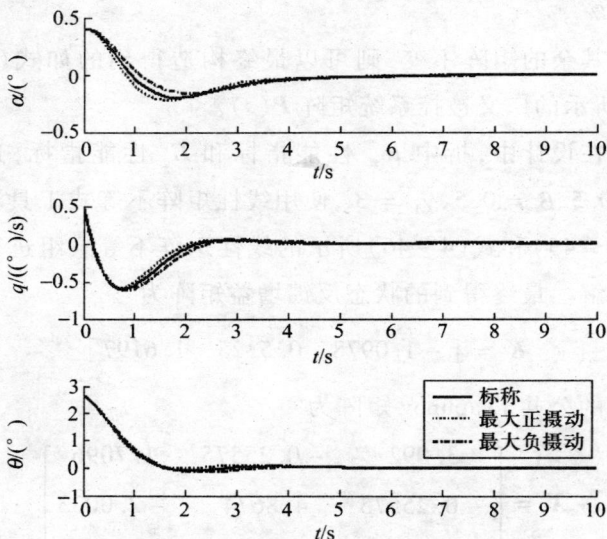

图 4 - 8 闭环系统状态增量的脉冲响应曲线

图 4 - 9 给出了闭环系统在无参数摄动时对白噪声(强度为 1)干扰的响应曲线。从图中可以看出闭环系统将白噪声都抑制在 ±0.04 的强度范围内。可见闭环系统对噪声干扰有较好的抑制作用,取得了良好的鲁棒性。

通过以上仿真和分析可以看出,闭环系统在鲁棒稳定的条件下,对白噪声干扰也有很好的抑制作用,同时取得了良好的 H_∞ 性能和 H_2 性能。

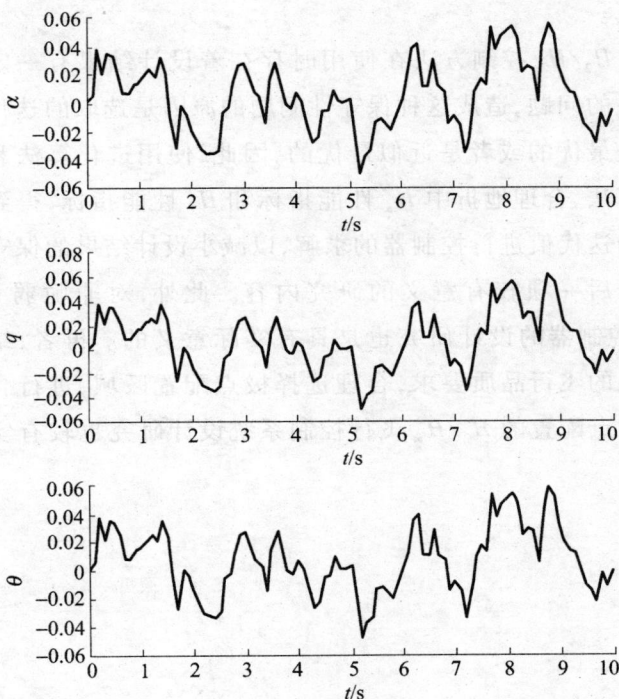

图4-9 无参数摄动时闭环系统对白噪声干扰的响应曲线

小结

本章首先介绍了 H_2/H_∞ 控制问题,并介绍了基于线性矩阵不等式的求解算法。基于该方法,在合理选择能够使设计结果具有较小保守性的迭代值的基础上进行了纵向飞行控制系统的设计与仿真。最后进行了基于 H_2/H_∞ 控制方法的含参数摄动的纵向飞行控制系统的设计与仿真。

H_2/H_∞控制方法在使用时存在着设计结果有一定保守性的问题,造成这种保守性问题的原因是选取的迭代值不是最优的或者是近似最优的,因此,使用进化算法和优化算法,合理地折中 H_∞ 性能指标和 H_2 性能指标,得到最优的迭代值进行控制器的求解,以减小设计结果的保守性是今后一项较有意义的研究内容。此外,对非脆弱 $H_2/$ H_∞ 控制器的设计研究也是具有实际意义的。再者,结合飞机的飞行品质要求,合理选择极点配置区域,进行含区域极点配置的 H_2/H_∞ 飞行控制系统设计研究也较有实际意义。

Design of μ
Synthesis Flight Control System

第5章

μ 综合飞行控制系统设计

5.1 | 结构奇异值

H_∞ 控制方法是将鲁棒性直接反映在系统的设计指标中,不确定性反映在相应的加权函数上,但它最坏情况下的设计却导致了过大的保守性,并且这种方法忽略了对鲁棒性能的设计要求。导致保守性和忽略鲁棒性能要求设计的原因在于 H_∞ 控制方法是以非结构化不确定性和小增益定理为设计框架的。由于系统的鲁棒稳定性和鲁棒性能在 H_∞ 范数意义下是统一的,因此可以设想存在一个虚拟的"性能"不确定性块 Δ_p,将控制系统鲁棒性能的设计问题转化为鲁棒稳定性设计问题,利用 H_∞ 控制方法进行控制器的求解。此时,不确定性块 Δ 为对角结构,即 $\Delta_M = \mathrm{diag}(\Delta, \Delta_p)$,常称为结构不确定性。因此,在分析此时控制系统的鲁棒稳定性问题即原系统的鲁棒稳定性和鲁棒性能时,如果仍使用奇异值作为控制系统性能的度量工具的话,将会代来很大的保守性,为此,1982 年 Doyle 提出了结构奇异值的概念来减少这种保守性,逐渐发展形成了 μ 理论。

5.1.1 结构奇异值 μ 定义

为了定义结构奇异值,可以把含有不确定性的系统分隔成两个部分:不确定性 $M(s) \in RH_\infty^{n \times n}$ 和广义标称对象 $M(s)$,得到图 5 - 1 所示的 $M - \Delta$ 标准结构。

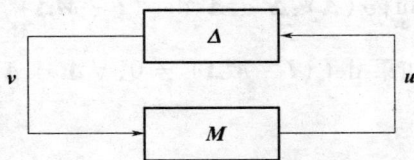

图 5 – 1 $M - \Delta$ 标准结构

图 5 – 1 中传递函数矩阵 $M \in \mathbf{C}^{n \times n}$,包括对象的标称模型、控制器和不确定性的加权函数。摄动块 Δ 是一个块对角结构,它仅仅包含各种类型的不确定性摄动。图 5 – 1 还反映了系统的摄动 Δ 是如何与有限维的线性定常系统 M 互相联系的。标称系统 M 的输入 v 包含所有的外部输入信号,即需要跟踪的参考指令信号、扰动及传感器噪声和反馈控制输入。M 的输出 u 包含所有需要满足的稳定性和性能指标的受控对象输出和反馈到控制器的传感器信号。Δ 结构是根据实际问题的不确定性和各系统所要求的性能指标来确定的,它属于矩阵集合 $\Delta(s)$。这个集合描述了包含下面三个部分的块对角结构:

（1）摄动块的个数;

（2）每个摄动子块的类型;

（3）每个摄动子块的维数。

在这里,考虑两类摄动块——重复标量摄动块和不确定性全块。前者表示了对象的参数不确定性,后者表示了对象的动态不确定性。

对于 $M \in \mathbf{C}^{n \times n}$,$\mu_{\Delta}(M)$ 定义为

$$\mu_{\Delta} = \begin{cases} (\min_{\Delta \in \underline{\Delta}} \{ \bar{\sigma}(\Delta) : \Delta \in \underline{\Delta}, \det(I - M\Delta) = 0 \})^{-1} \\ 0 : 如果 \det(I - M\Delta) \neq 0, \forall \Delta \in \underline{\Delta} \end{cases}$$

$$(5-1)$$

对 μ 的定义有如下说明：

（1）$\mu(\cdot)$ 是矩阵 M、Δ 的函数。

（2）结构奇异值 μ 实际上可以解释为使闭环系统不稳定时（$\det(I - M\Delta) = 0$ 时）最小容许摄动的最大奇异值的倒数。

5.1.2 μ 的边界

对于一般的结构，并不总是能够在数值上量化 μ 的值。但总是能够用两个极端值之间的值来界定 μ 的值。此外，可以使用其他的变换来收紧该界。边界通常可以被收紧到上界和下界相等的一点上，在这种情况下可以准确知道 μ 值。在其他的情况下，上界和下界可能是足够地接近于所得到的 μ 的一个适当近似。

考虑图 5-2 所示的简图，这三个简图是等价的，但是对于其两种极端情况下，所进行的稳定鲁棒分析（在变换引入到图 5-2 的左边和右边之后）产生了 μ 的上界和下界。

左边的变换涉及酉矩阵 U，其中

$$U^* U = UU^* = I \qquad (5-2)$$

另外，这些矩阵有与 Δ 结构相一致的结构（带有以 k

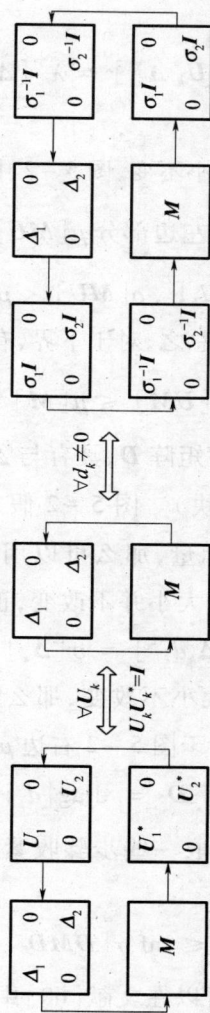

图5-2 保持摄动大小的变换

为下标的块）。不确定集的大小在这些变换中没有改变。变换如下：

$$\bar{\sigma}\left[\boldsymbol{\Delta}_k \boldsymbol{U}_k\right] = \lambda^{\frac{1}{2}}\left[\boldsymbol{\Delta}_k \boldsymbol{U}_k \boldsymbol{U}_k^* \boldsymbol{\Delta}_k^*\right] = \lambda^{\frac{1}{2}}\left[\boldsymbol{\Delta}\boldsymbol{\Delta}^*\right] = \bar{\sigma}\left[\boldsymbol{\Delta}_k\right]$$

$$(5-3)$$

由于不确定集的大小不变，图 5 - 2 中间部分 $\mu[\boldsymbol{M}] < 1$ 的问题等价于图 5 - 2 左边部分 $\mu[\boldsymbol{M}\bar{\boldsymbol{U}}] < 1$ 的问题。但是对于任何 $\bar{\boldsymbol{U}} = \mathrm{diag}\{\boldsymbol{U}_k\}$，$\rho[\boldsymbol{M}\bar{\boldsymbol{U}}] < \mu[\boldsymbol{M}\bar{\boldsymbol{U}}]$，因此可采取一些步骤收紧边界。总之，对于下界，有

$$\sup_{\bar{\boldsymbol{U}}_*} \rho[\bar{\boldsymbol{U}}\boldsymbol{M}] \leqslant \mu[\boldsymbol{M}] \qquad (5-4)$$

右边变换包括尺度矩阵 $\boldsymbol{D}$，具有与 $\boldsymbol{\Delta}$ 结构相一致的结构（带有以 k 为下标的块）。图 5 - 2 假定全 $\boldsymbol{\Delta}$ 块。这样，如果这些块是重复的标量，那么可以用 $\boldsymbol{D}_k$ 代替 $d_k \boldsymbol{I}$。通过这些变换不确定集的大小并不改变，正如下所示：

$$\bar{\sigma}\left[d_k \boldsymbol{\Delta}_k d_k^{-1}\right] = \bar{\sigma}\left[\boldsymbol{\Delta}_k\right] \qquad (5-5)$$

由于不确定集的大小不改变，那么图 5 - 2 中间部分 $\mu[\boldsymbol{M}] < 1$ 的问题等价于图 5 - 2 右边 $\mu[\boldsymbol{D}\boldsymbol{M}\boldsymbol{D}^{-1}] < 1$ 的问题。因为对于任何 $\boldsymbol{D} = \mathrm{diag}\{d_k\}$，$\mu[\boldsymbol{D}\boldsymbol{M}\boldsymbol{D}^{-1}] < \bar{\sigma}[\boldsymbol{D}\boldsymbol{M}\boldsymbol{D}^{-1}]$，那么可采取一些步骤收紧边界。总之，对于上界，有

$$\mu[\boldsymbol{M}] \leqslant \inf_{d_*} \bar{\sigma}\left[\boldsymbol{D}\boldsymbol{M}\boldsymbol{D}^{-1}\right] \qquad (5-6)$$

更进一步的细节可以在文献[60]中找到。

最后，可以为 $\mu[\boldsymbol{M}]$ 计算上界和下界。这些边界依赖

于 Δ 的不确定集的结构。存在许多的可能结构,它们可能出现在真实的应用中,并且对于大多数情况下,存在快速和准确计算界的软件。

5.1.3　实数与复数值结构的比较

很清楚,如果摄动 Δ 为实数,相应的 μ 值则不同于摄动为复数时的 μ 值。考虑到复平面。然后,所有复数摄动的集合是一个圆盘,它扩展到复平面的实部和虚部。将其与具有相同边界的实数集做比较。这里,有界的实数摄动集合仅仅是一个线段,它是圆盘与实线的交叉线,常常是一个不同的集合。

当前软件可以适用于两种情况中的任何一种。一般来说,只有边界是计算得到的。在更收紧的边界和更快的算法意义上改进边界是当前研究的主题。

5.1.4　恒定但未知结构与随机时间变化结构的比较

在模型摄动 Δ（常值但未知）与以某种随机方式变化的摄动之间,显然存在差异。在恒定不变但未知的摄动情况下,摄动闭环回路系统仍然是时不变的。但是当 Δ 随时间变化时,系统则变成时变的。因此,对于这两种情况下的稳定性分析是不同的。

回顾 5.1.2 节对 D 尺度的安排,使得可能的 $D^{-1} \Delta D$ 集合大小与可能的 Δ 集合大小相同。在常值 Δ 的情况下,一个依赖频率的 D 尺度与 Δ 进行换算,因此对消了 D^{-1}

（由于时不变算子的构成对应于传递函数的乘积以及对于 $\boldsymbol{\Delta}$ 的每一个结构块 $\boldsymbol{D}$ 尺度都是标量）。但是，如果 $\boldsymbol{\Delta}$ 是一个时变算子，$\boldsymbol{D}^{-1}\boldsymbol{\Delta D}$ 则指这三个算子的构成，使得 $\boldsymbol{D}$ 尺度只在常数算子 $\boldsymbol{D}$（即不依赖频率）的情况下进行对消。为弄清楚这一点，考虑一个通过滤波器 $\boldsymbol{D}$ 的信号，然后以某种时变（但有界）方式通过算子 $\boldsymbol{\Delta}$ 来改变它。如果 $\boldsymbol{D}$ 在频率域不是常值，那么就不可能通过用 $\boldsymbol{D}^{-1}$ 对 $\boldsymbol{\Delta D}$ 的输出进行滤波来消除 $\boldsymbol{D}$ 的频率响应。

由于这个结果，对于由 $\bar{\sigma}\boldsymbol{DMD}^{-1}$ 所给出的 μ 的上确界最小化，不存在所需那样多的可用自由度，因此对于时变 $\boldsymbol{\Delta}$，μ 也将会随之变大。

5.2 | 鲁棒稳定性和鲁棒性能

5.2.1 鲁棒稳定性分析

对如图 5-1 所示系统，其中 $\boldsymbol{M}(s) \in RH_{\infty}^{n \times n}$，$\boldsymbol{\Delta}(s) \in \boldsymbol{\Delta} \subset RH_{\infty}^{n \times n}$，$\boldsymbol{\Delta}(jw) \in \boldsymbol{\Delta} \subset \mathbf{C}^{n \times n}$，并记

$$\boldsymbol{B}_{\boldsymbol{\Delta}(s)} = \{\boldsymbol{\Delta}(s) \in \boldsymbol{\Delta}, \bar{\sigma}(\boldsymbol{\Delta}(jw)) \leqslant 1\}$$

对于该结构不确定性系统，有如下的鲁棒稳定性定理：

定理 5.1（小 μ 定理）对如图 5-1 所示闭环系统，$\boldsymbol{M}(s) \in RH_{\infty}^{n \times n}$，$\boldsymbol{\Delta}(s) \in \boldsymbol{B}_{\boldsymbol{\Delta}(s)}$，则该系统鲁棒稳定的充要条件是

$$\mu = \sup_{\omega \in \mathbf{R}} \mu_{\Delta} \big[\boldsymbol{M}(\mathrm{j}\omega) \big] < 1 \qquad (5-7)$$

上述定理中,假定标称系统 $\boldsymbol{M}(s)$ 为稳定,并不失一般性。因为对于不稳定的标称对象总可以预先用一反馈控制器 $\boldsymbol{K}(s)$ 使其为闭环稳定,从而构成稳定的 $\boldsymbol{M}(s)$。

5.2.2   鲁棒性能

在系统分析中,稳定性是控制系统的基本指标,因此,对含有不确定性的系统,鲁棒稳定是首要条件。但是,稳定性并不是控制系统的唯一指标,我们更感兴趣的是在满足鲁棒稳定的同时,达到预定的系统性能。下面分析控制系统在结构不确定性作用下的鲁棒性能问题。

考虑如图 5 – 3 所示系统,这是带有一个摄动块的单变量系统,r 为输入信号,d 为外部干扰,e 为误差信号,y 为输出,Δ 为乘性摄动。不失一般性,令 $\| \Delta \|_{\infty} \leqslant 1$,$W_2 \in RH_{\infty}$ 为权函数,易得该系统闭环鲁棒稳定的充要条件为

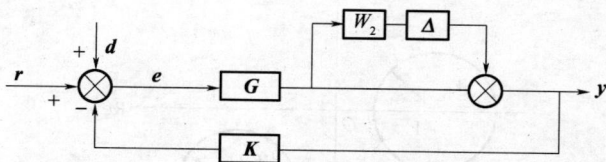

图 5 – 3   具有乘性摄动的不确定反馈系统

$$\| \boldsymbol{W_2 T} \|_{\infty} = \| \boldsymbol{W_2 GK} (1 + \boldsymbol{GK})^{-1} \|_{\infty} < 1$$
$$(5-8)$$

对系统噪声 d 的抑制,作为系统性能指标,要求满足

$$\| W_1 S_\Delta \|_\infty = \| W_1 [1 + G(1 + W_2 \Delta) K]^{-1} \|_\infty < 1,$$
$$\forall \Delta \in B_\Delta \tag{5-9}$$

其中 $S_\Delta = [1 + G(1 + W_2 \Delta) K]^{-1}$, $W_1 \in RH_\infty$ 为权函数,由设计者给出。

如果系统同时满足式(5-8)和式(5-9),则称系统具有鲁棒性能。综合式(5-8)和式(5-9),易得系统满足鲁棒性能的充要条件为

$$\| |WS_1| + |W_2 T| \|_\infty < 1 \tag{5-10}$$

其中 $T = GK(1 + GK)^{-1}$, $S = (1 + GK)^{-1}$。对于式(5-10)有如下的集合意义:即对 $\forall \omega \in \mathbf{R}$,在复平面中以 $(-1,0)$ 为圆心、$\| W_1(\omega) \|$ 为半径作圆;再以 $G(j\omega)K(j\omega)$ 为圆心、$|W_2(j\omega), G(j\omega)K(j\omega)|$ 为半径作圆,满足两圆不相交,如图 5-4 所示 $(L(j\omega) = G(j\omega)K(j\omega))$。

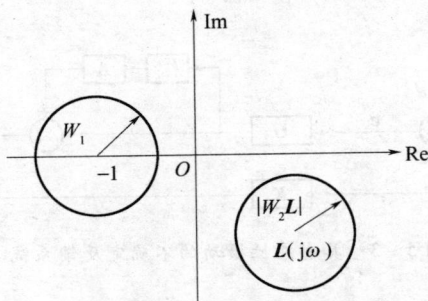

图 5-4 单变量系统鲁棒性能的几何意义

在考虑了以上单变量系统后,下面再考虑带有两个摄动块的不确定系统的鲁棒稳定问题,如图 5 - 5(a)所示。经等价变换,得图 5 - 5(b),其中

$$\boldsymbol{\Delta} = \begin{bmatrix} \boldsymbol{\Delta}_1 & 0 \\ 0 & \boldsymbol{\Delta}_2 \end{bmatrix}, \boldsymbol{M} = \begin{bmatrix} W_1(\boldsymbol{I} + \boldsymbol{GK})^{-1} & W_1\boldsymbol{K}(\boldsymbol{I} + \boldsymbol{GK})^{-1} \\ W_2\boldsymbol{G}(\boldsymbol{I} + \boldsymbol{GK})^{-1} & W_2\boldsymbol{GK}(\boldsymbol{I} + \boldsymbol{GK})^{-1} \end{bmatrix}$$

$$(5 - 11)$$

运用 μ 方法分析,可得

$$\mu_{\Delta}(\boldsymbol{M}) = |W_1 S| + |W_2 T| \qquad (5 - 12)$$

其中 $S = (\boldsymbol{I} + \boldsymbol{GK})^{-1}, T = \boldsymbol{GK}(\boldsymbol{I} + \boldsymbol{GK})^{-1}$ 。

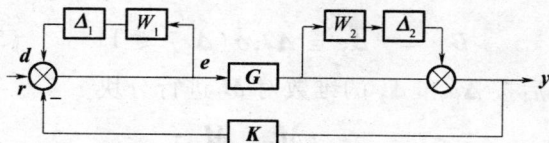

(a) 两个摄动块的确定反抗系统

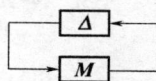

(b) 等价变换

图 5 - 5　带有两个摄动块的不确定
反抗系统的等价变换

比较式(5 - 10)和式(5 - 12),可以发现:对于带一个摄动块的系统的鲁棒性能问题等价于带有两个摄动块系统的鲁棒稳定问题。推广开来,则对于一个带有 m 个摄动块系统的鲁棒性能问题可以等价为带有 $m + 1$ 个摄动

块系统的鲁棒稳定性问题。

从上面的例子可以看出,在鲁棒性能问题中,用到了线性分式变换模型。下面围绕线性分式变换模型和结构奇异值,讨论两者之间的一些关系。

令等效变换后得到的 $\boldsymbol{\Delta} - \boldsymbol{M}$ 模型中

$$\boldsymbol{\Delta} = \begin{bmatrix} \boldsymbol{\Delta}_1 & 0 \\ 0 & \boldsymbol{\Delta}_2 \end{bmatrix}, \boldsymbol{\Delta}_1 \in \bar{\boldsymbol{\Delta}}_1, \boldsymbol{\Delta}_2 \in \bar{\boldsymbol{\Delta}}_2$$

$$(5-13)$$

其中

$$\boldsymbol{B}_{\boldsymbol{\Delta}_1} = \{\boldsymbol{\Delta}_1 \in \bar{\boldsymbol{\Delta}}_1, \bar{\sigma}(\boldsymbol{\Delta}_1) \leqslant 1\} \qquad (5-14)$$

$$\boldsymbol{B}_{\boldsymbol{\Delta}_2} = \{\boldsymbol{\Delta}_2 \in \bar{\boldsymbol{\Delta}}_2, \bar{\sigma}(\boldsymbol{\Delta}_2) \leqslant 1\} \qquad (5-15)$$

然后按 $\boldsymbol{\Delta}_1$ 和 $\boldsymbol{\Delta}_2$ 的维数对 $\boldsymbol{M}$ 进行分块

$$\boldsymbol{M} = \begin{bmatrix} \boldsymbol{M}_{11} & \boldsymbol{M}_{12} \\ \boldsymbol{M}_{21} & \boldsymbol{M}_{22} \end{bmatrix} \qquad (5-16)$$

由主环定理知

$$\mu_{\boldsymbol{\Delta}}(\boldsymbol{M}) < 1 \Leftrightarrow \begin{cases} \mu_{\boldsymbol{\Delta}_1}(\boldsymbol{M}_{11}) < 1 \\ \max_{\boldsymbol{\Delta}_1 \in \boldsymbol{B}_{\boldsymbol{\Delta}_1}} \mu_{\boldsymbol{\Delta}_2}[F_u(\boldsymbol{M}, \boldsymbol{\Delta}_1)] < 1 \end{cases}$$

$$(5-17)$$

其中

$$F_u(\boldsymbol{M}, \boldsymbol{\Delta}_1) = \boldsymbol{M}_{22} + \boldsymbol{M}_{21}\boldsymbol{\Delta}_1(\boldsymbol{I} - \boldsymbol{M}_{11}\boldsymbol{\Delta}_1)^{-1}\boldsymbol{M}_{12}$$

$$(5-18)$$

5.3 | μ 综合设计方法

5.3.1 μ 综合步骤

μ 综合设计过程的基本步骤包括：

（1）内部连接结构定义。μ 综合的第一步是构造一个内部结构 P。该结构只是飞机动态特性的一个状态空间实现，它可扩展到操纵品质模型和确定控制设计目标的不同输入与输出的加权函数。所有传统控制设计者的窍门都包含在内部连接结构的定义之中。

（2）H_∞ 综合。一旦定义了内部连接结构，就能够为该结构设计一个 H_∞ 最优控制器。这涉及要用一维搜索方法对一个标量参数 γ 进行迭代求解两个 Riccati 方程。这一步产生了一个控制补偿器 K。为了产生闭环内部连接结构 M（5.3.4 节），将 P 的传感器和执行器连接到 K 上，从而构成了闭环系统。

（3）μ 分析。下一步，把 μ 分析应用到闭环系统 M 上。这涉及计算结构奇异值 $\mu[M]$ 以及与它相关的依赖频率的 D 尺度矩阵。为了满足鲁棒性能指标，该结构奇异值提供了步骤（2）中补偿器的接近程度。结构奇异值小表示鲁棒性能好，数值大表示性能差，并且 $\mu[M]=1$ 意味着勉强满足性能指标（5.3.5 节）。

（4）D 尺度的有理逼近。在这一步骤中，μ 分析中的

D 尺度通过有理传递函数的频率响应幅值来逼近(5.3.5节)。

(5) *D* – *K* 迭代。下一步,把从步骤(4)中获得的有理传递函数逼近并入到内部连接结构 *P* 中;*H*∞ 综合,*μ* 分析和 *D* 尺度逼近步骤(步骤(2)~(4))重复进行,直至 *D* 和 *K* 不再变化为止(5.3.6节)。

(6) 改变加权。如果 *D* 和 *K* 已收敛,但是补偿器不满足其指标(*μ* >1),那么必须改变步骤(1)中的加权,在一些指标与其他指标之间进行权衡。*μ* 分析用来确定哪一个输入/输出通道正在产生问题(5.3.6节)。

(7) 补偿器模型降阶。一旦完成设计,则采用模型降阶方法简化控制器。对于简化的控制器,重复 *μ* 分析步骤,保证设计指标仍然能够得到满足。

5.3.2 内部连接结构

对于内部连接结构 *P*,输入、输出安排如下:

$$
\begin{bmatrix} z \\ e \\ y \end{bmatrix} = P \begin{bmatrix} v \\ d \\ u \end{bmatrix} \tag{5-19}
$$

式中:*z* 和 *v* 表示与模型不确定或扰动有关的信号;*e* 表示广义跟踪误差;*d* 表示外部命令、扰动和传感器噪声;*y* 表示可测量的输出;*u* 表示执行器输入。于是,*P* 只是一个与状态空间矩阵向量[*A*,*B*,*C*,*D*]有关的(大的)传递函数矩阵,即

$$P = C(SI - A)^{-1}B + D \qquad (5-20)$$

P 在图 5-6 所示的一般反馈图中起着核心的作用。正如该图所示,P 被连接到两个其他系统的部件上:第一个部件是 Δ,它是用来确定模型集(在该模型集上,性能必须要能够实现)的;另一个部件是传递函数矩阵。

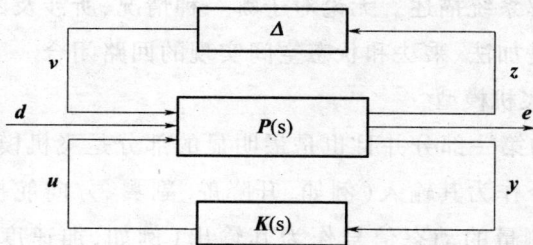

图 5-6 一般的反馈回路框图

除了 Δ 的固定块对角结构和幅值界限 $P = C(SI-A)^{-1}B + D$ 外,其他完全是未知的。即如果 $v = \Delta z$

那么

$$\|v\| \leqslant \|z\| \qquad (5-21)$$

第二个部件是将要综合的控制律 K,它是连接 y 和 u 的一个传递函数:

$$u = Ky \qquad (5-22)$$

μ 综合的最终结果就是用状态空间矩阵给出的 K 的一个实现。

在这个一般的框架内,K 包括控制律反馈和前置补偿两个部分。前置补偿是控制律的一部分,它作用在所测量的广义扰动(例如飞行员指令)上;而反馈是控制律的另一部分,它作用在所感受的飞机运动上。在测量向量 **y** 中,包含这两个信号。因此,**K** 包括两个控制函数。这种形式的 **K** 常称为两自由度控制器。

已存在许多软件工具,它们可用来为内部连接结构建立状态空间矩阵。其中一些使用代数系统描述,而另一些使用图解系统描述。无论对于哪一种情况,所涉及的基本运算都是加法、乘法和状态空间实现的回路闭合。

1. 飞机模型

P 的第一部分并且也是最明显的部分是飞机模型,执行器命令作为其输入(例如,升降舵、副翼、方向舵执行器等),所测量的动态信号作为其输出(例如,加速度、角速度、姿态、空速等)。在适当的情况下,包含在飞机模型中的某些动态特性可以忽略。例如,设计不重要的低频状态可以被忽略,高频状态(其频率超过控制回路的期望带宽)也可以保留。

选择执行器也是模型定义步骤的一部分。对于执行器动态特性,一阶模型一般是适当的。

选择传感器的质量和适当的传感器模型也是这一步骤中的一部分。速率陀螺和加速度计通常是高带宽元件,因此它们的动态特性经常可以忽略。类似地,惯性导航系统也是高带宽并且没有动态模型需要包含到 **P** 中,尽管对特定系统,可能会包含时间延迟(Pade 近似)。对于某些应用,可能也需要大气数据系统的动态特性。这涉及具有相当慢动态特性的大气数据计算机,其缓慢的动态特性是由信号条件和传感器数据本身的平滑而引起的。

在任何情况下,内部连接结构的起始部分如图 5 - 7 所示,该结构的这一部分定义了在图 5 - 7 中下面部分所定义的控制信号 *u* 和大部分测量信号 *y*。

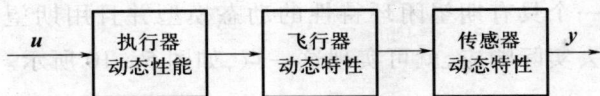

图 5 - 7 飞机模型:内部连接结构的起始部分

2. 性能模型

P 的第二部分是性能模型。该模型在图 5 - 6 的中间部分定义了广义误差 *e* 和广义扰动 *d*。这些都是设计者用于判断闭环性能质量的信号。

由于这种设计方法是基于优化的,因此必须定义广义误差使得小数值表示好的性能,而大数值表示差的性能。有时,这些信号只是反馈回路中的简单误差,也可以是描述期望闭环性能的复杂动态实现信号。最一般的广义误差有:跟踪误差;执行器偏转;执行器速率。

1) 跟踪误差

在图 5 - 8 中的经典 SISO 反馈回路中,跟踪误差对应于进入控制器 *K* 的误差信号。我们也在 *μ* 综合中使用这

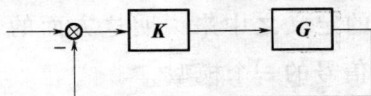

图 5 - 8   经典 SISO 反馈回路中的跟踪误差

些误差信号。

然而,正如已经讨论过的那样,图5-6中具有图5-9中的两自由度结构。对于这种情况,必须在飞行员指令和期望的闭环响应之间分别形成跟踪误差。将飞行员指令通过一个具有期望闭环特性的动态模型并且用期望的响应减去实际响应,就可实现这一点,如图5-10所示。

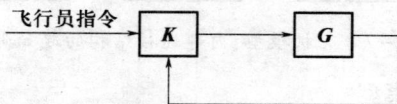

图5-9 替代的两自由度结构

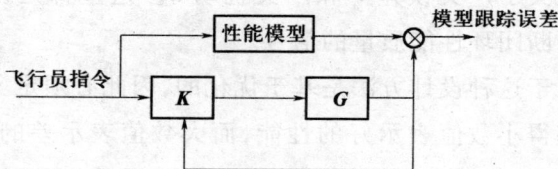

图5-10 增加一个显模型形成跟踪误差

典型的性能模型是一阶或两阶滤波器。

2)执行器偏转

所有实际控制系统都必须把执行器的偏转保持在所施加的最大硬件约束之下。通过把执行器偏转作为误差信号包含在 P 的定义之中来说明这方面的性能。图5-11给出了这些信号的一个模型。

H_∞ 综合要求在高频时对控制信号 u 进行惩罚。由于这个原因,用执行器位置指令作为性能信号通常比用执

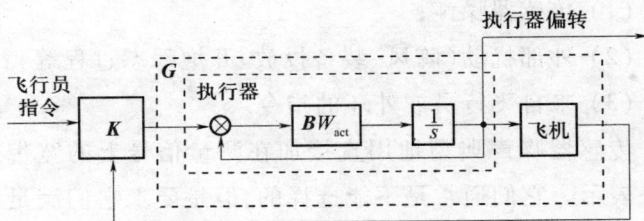

图 5 - 11　引出执行器偏转信号

行器位置本身要容易。

3）执行器速率

类似地,所有实际的控制器都必须把执行器的速率保持在一个最大硬件约束之下。通过把执行器速率作为误差信号包含在 **P** 的定义之中来说明这方面的性能,如图 5 - 12所示。对执行器速率信号的加权可以有效地调整控制系统的最终带宽,这是一个小窍门。

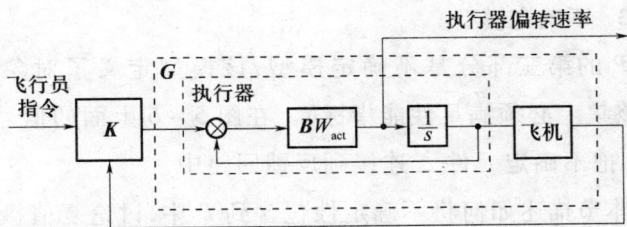

图 5 - 12　引出执行器偏转速率信号

4）广义扰动

第二类性能信号是各种外部输入,它们激励反馈回路并且有引起误差幅值增大的趋势。最一般地,这些信号包括:

（1）传感器噪声；

（2）外部扰动（阵风、装备投放、开炮瞬态过程等）；

（3）来自飞行员或外环的指令。

传感器噪声典型地用直接加在测量信号上的宽带扰动来表示。它们通常是不能选择的，但是要求它们满足秩条件。外部扰动直接加在飞机模型上，而飞行员或外环指令直接通向测量 y，它被用来作为控制器 K 的输入，如图 5 – 13 所示。

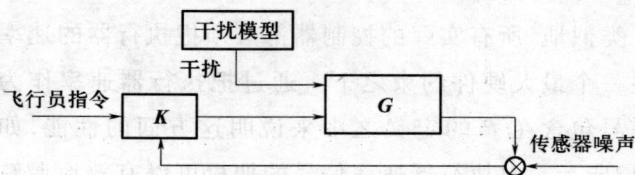

图 5 – 13　扰动和噪声输入

3. 不确定模型

P 的第三部分是不确定模型，该模型定义了对象集（在该集上必须满足性能指标）。在图 5 – 6 上面的信号 v 和 z，把不确定元件 Δ 连接到反馈回路中。

本节描述如何将不确定性包含到 P 中，讨论复值摄动（例如传递函数摄动）和实值摄动（例如质量和惯性变化）以及它们的交互影响。这些因素一起确定了 Δ 的最终结构。

1）输入不确定性

典型地，用于飞行控制的设计模型在较低频率，即 $\omega < 10\mathrm{rad/s} - 20\mathrm{rad/s}$，具有良好的准确性，但在较高频率

时它们迅速恶化,这是由于建模不准确或忽略了像气动弹性、执行器一致性、伺服动态特性的影响等因素而造成的。这种建模误差可以很好地用对象输入处的复数值、非结构的、乘性摄动来表示,正如图 5 – 14 中 Δ_{input} 所示。

$$\Delta_{\text{input}} = \begin{pmatrix} \delta_{11} & \delta_{12} & \cdots & \delta_{1m} \\ \delta_{21} & \delta_{22} & \cdots & \delta_{2m} \\ \vdots & \vdots & & \vdots \\ \delta_{m1} & \delta_{m2} & \cdots & \delta_{mm} \end{pmatrix} \qquad (5-23)$$

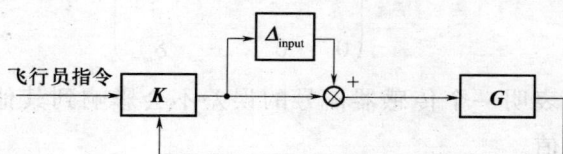

图 5 – 14　对象输入处非结构的不确定性

　　在这里,用复值非结构来表示是适当的,因为在较高频率,幅值和相位误差以及通道间交叉耦合误差都很显著。选择乘性摄动是为了方便,因为它允许用相对于设计模型的百分比误差来直观地说明不确定性的大小。

　　为了把这种不确定性表示包含到内部连接结构 P 中,在信号集 z 中包含了 K 的输出(信号 u)。于是 z 的一个子集是 $z_{\text{input}} = u$。我们也包括了一个加法综合器,它把相应的信号 $v_{\text{input}} = \Delta_{\text{input}} z_{\text{input}}$ 在传送到飞机之前加到标称的 u 上。P 明显地不包含不确定性方块 Δ_{input} 本身,假定它是单位大小。它实际的大小是用后面将要描述的加权选择步骤来确定。

2）输出不确定性

相类似的高频不确定性也与各种用于测量飞机输出的传感器硬件有关。将这些传感器不确定性表示成乘性的复值摄动是合理的。另外，我们也常假定这些摄动具有对角线结构，如图 5 – 15 所示，其中

$$\boldsymbol{\Delta}_{\text{output}} = \begin{pmatrix} \delta_{11} & 0 & \cdots & 0 \\ 0 & \delta_{22} & \cdots & 0 \\ \vdots & \vdots & & \vdots \\ 0 & 0 & \cdots & \delta_{mm} \end{pmatrix} \qquad (5 – 24)$$

这表明一个传感器信号的误差不会影响到其他通道的测量值。

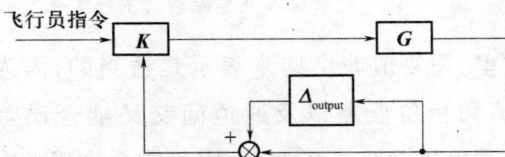

图 5 – 15　对象输出处结构不确定性

为了把这种输出不确定性表示包含到内部连接结构 $\boldsymbol{P}$ 中，把飞机测量输出作为信号集 z 的另一个子集并且增加另一个加法综合器，为了产生最终的测量信号 y，它把相应的信号 $\boldsymbol{v}_{\text{output}} = \boldsymbol{\Delta}_{\text{output}} \boldsymbol{z}_{\text{output}}$ 加到飞机输出上。正像输入不确定的情况，$\boldsymbol{P}$ 明显地不包含输出不确定方块本身，它取单位值，它实际的大小在加权选择步骤中确定。

3）实参数不确定性

另一类重要的不确定性在设计模型内部,是以实参数误差为其特征。实参数不确定性包括诸如与质量、惯性和/或气动系数有关的不确定性。将这种不确定性并入 $\boldsymbol{P}$ 涉及修改飞机自身模型。正如对输入和输出不确定的正确描述,实参数不确定性的影响就是在 $\boldsymbol{P}$ 的上面部分产生了附加的输入 v 和输出 z。

下面用一个例子来说明实参数不确定性的描述方法。

假定希望描述 C_{lp} 中的不确定性,对于本例,其取值范围由 $C_{lp}^{-} \leqslant C_{lp} \leqslant C_{lp}^{+}$ 限定。

该项出现在线性化飞机动态特性中:

$$\dot{p} = \frac{\bar{q}Sb}{I_{xx}} C_{lp} p + \frac{\bar{q}Sb}{I_{xx}} C_{l\delta_a} \delta_a$$

或以状态空间形式表示:

$$\begin{bmatrix} \dot{p} \\ p \end{bmatrix} = \begin{bmatrix} \dfrac{\bar{q}Sb}{I_{xx}} C_{lp} & \dfrac{\bar{q}Sb}{I_{xx}} C_{l\delta_a} \\ \hline 1 & 0 \end{bmatrix} \begin{bmatrix} p \\ \delta_a \end{bmatrix}$$

正如前面讨论过的那样,不确定滚转阻尼系数可以被参数化,具有一个中心或标称值(用 C_{lp}^{nom} 表示)和一个摄动界限(对应于 C_{lp}^{-} 和 C_{lp}^{+} 之间可能的取值范围):

$$\dot{p} = \frac{\bar{q}Sb}{I_{xx}} (C_{lp}^{nom} p + k_1 v) + \frac{\bar{q}Sb}{I_{xx}} C_{l\delta_a} \delta_a \qquad (5-25)$$

$$z = p + k_2 v \qquad (5-26)$$

可以证明,如果 $v = \Delta z$,那么

$$\dot{p} = \frac{\bar{q}Sb}{I_{xx}}C_{lp}p + \frac{\bar{q}Sb}{I_{xx}}C_{l\delta_a}\delta_a \qquad (5-27)$$

其中

$$\begin{cases} C_{lp} = C_{lp}^{nom} + k_1\Delta(1 - k_2\Delta)^{-1} \\ k_1 = \dfrac{2(C_{lp}^+ - C_{lp}^{nom})(C_{lp}^{nom} - C_{lp}^-)}{(C_{lp}^+ - C_{lp}^-)} \\ k_2 = \dfrac{(C_{lp}^+ + C_{lp}^-) - 2C_{lp}^{nom}}{(C_{lp}^+ - C_{lp}^-)} \end{cases} \qquad (5-28)$$

则

$$C_{lp} = \begin{cases} C_{lp}^-, & \Delta = -1 \\ C_{lp}^{nom}, & \Delta = 0 \\ C_{lp}^+, & \Delta = 1 \end{cases}$$

受摄动的状态空间(有必要增加对应于不确定性的输入和输出)为

$$\begin{bmatrix} \dot{p} \\ z \\ p \end{bmatrix} = \left[\begin{array}{cc|c} \dfrac{\bar{q}Sb}{I_{xx}}C_{lp}^{nom} & \dfrac{\bar{q}Sb}{I_{xx}}k_1 & \dfrac{\bar{q}Sb}{I_{xx}}C_{l\delta_a} \\ \hline 1 & k_2 & 0 \\ 1 & 0 & 0 \end{array} \right] \begin{bmatrix} p \\ v \\ \delta_a \end{bmatrix}$$

摄动系统的框图如图 5-16 所示,其中

$$\hat{G} = \left[\begin{array}{cc|c} \dfrac{\bar{q}Sb}{I_{xx}}C_{lp}^{nom} & \dfrac{\bar{q}Sb}{I_{xx}}k_1 & \dfrac{\bar{q}Sb}{I_{xx}}C_{l\delta_a} \\ \hline 1 & k_2 & 0 \\ 1 & 0 & 0 \end{array} \right]$$

以 $\boldsymbol{\Delta} = 1$ 和 $\boldsymbol{\Delta} = -1$ 闭合图 5 - 16 的 $\boldsymbol{\Delta}$ 回路分别给出,即

$$\dot{p} = \frac{\bar{q}Sb}{I_{xx}}C_{l_p}^{+}p + \frac{\bar{q}Sb}{I_{xx}}C_{l\delta_a}\delta_a$$

和

$$\dot{p} = \frac{\bar{q}Sb}{I_{xx}}C_{l_p}^{-}p + \frac{\bar{q}Sb}{I_{xx}}C_{l\delta_a}\delta_a$$

这就是所期望的结果。

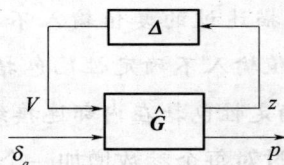

图 5 - 16 摄动系统

(**注意**)标称值 C_{l_p} 常处在变化范围的中心,即 $C_{l_p}^{nom} = 0.5(C_{l_p}^{-} + C_{l_p}^{+})$。在这种情况下,$k_2 = 0$ 并且 $k_1 = 0.5(C_{l_p}^{-} - C_{l_p}^{+})$。这种特殊情况在 5.3.5 节中称为乘法摄动。

另一种令人感兴趣的特殊情况是当标称的 $C_{l_p}^{nom} = \dfrac{2C_{l_p}^{+}C_{l_p}^{-}}{C_{l_p}^{-} + C_{l_p}^{+}}$,$k_1 = \dfrac{2(C_{l_p}^{+} - C_{l_p})C_{l_p}^{+}C_{l_p}^{-}}{(C_{l_p}^{-} + C_{l_p}^{+})^2}$,并且 $k_2 = \dfrac{C_{l_p}^{+} - C_{l_p}^{-}}{C_{l_p}^{-} + C_{l_p}^{+}}$。这种特殊情况在 5.3.5 节中被称为除法摄动。

类似地,为了允许 $C_{l\delta_a}$ 的变化,可以修改状态空间。对于这种情况,状态空间如下:

$$\begin{bmatrix} \dot{p} \\ \hline z_2 \\ p \end{bmatrix} = \begin{bmatrix} \dfrac{\bar{q}Sb}{I_{xx}}C_{lp} & \dfrac{\bar{q}Sb}{I_{xx}}l_1 & \dfrac{\bar{q}Sb}{I_{xx}}C_{l\delta_\alpha}^{\text{nom}} \\ \hline 0 & l_2 & 1 \\ 1 & 0 & 0 \end{bmatrix} \begin{bmatrix} p \\ \hline v_2 \\ \delta_\alpha \end{bmatrix}$$

其中

$$l_1 = \frac{2(C_{l\delta_\alpha}^{+} - C_{l\delta_\alpha}^{\text{nom}})(C_{l\delta_\alpha}^{\text{nom}} - C_{l\delta_\alpha}^{-})}{(C_{l\delta_\alpha}^{+} - C_{l\delta_\alpha}^{-})} \ , \ l_2 = \frac{(C_{l\delta_\alpha}^{+} + C_{l\delta_\alpha}^{-}) - 2C_{l\delta_\alpha}^{\text{nom}}}{C_{l\delta_\alpha}^{+} - C_{l\delta_\alpha}^{-}}$$

(**注意**)这种特定的不确定性(在 $\boldsymbol{B}$ 矩阵中的一个不确定元素)是前面描述过的复值输入不确定性的一个子集。于是,如果复值输入不确定性已包括在 $\boldsymbol{P}$ 中,则没有必要将附加的不确定性包括在内部连接结构之中。

最后,可以通过对每个参数增加一个输入和输出的方式来将这两个实数的不确定性包含在一起。对于这种情况,状态空间为

$$\begin{bmatrix} \dot{p} \\ \hline z_1 \\ z_2 \\ p \end{bmatrix} = \begin{bmatrix} \dfrac{\bar{q}Sb}{I_{xx}}C_{lp}^{\text{nom}} & \dfrac{\bar{q}Sb}{I_{xx}}k_1 & \dfrac{\bar{q}Sb}{I_{xx}}l_1 & \dfrac{\bar{q}Sb}{I_{xx}}C_{l\delta_\alpha}^{\text{nom}} \\ \hline 1 & k_2 & 0 & 0 \\ 0 & 0 & l_2 & 1 \\ 1 & 0 & 0 & 0 \end{bmatrix} \begin{bmatrix} p \\ \hline v_1 \\ v_2 \\ \delta_\alpha \end{bmatrix}$$

4. 性能加权

$\boldsymbol{P}$ 的最后一部分是 $\boldsymbol{P}$ 中不同信号的一系列加权函数。这些函数是传递函数,它们的状态空间实现被放在 $\boldsymbol{P}$ 中,具有给定的频率响应形状和幅值。与信号 $\boldsymbol{d}$ 和 $\boldsymbol{e}$ 有关的

函数被称为性能加权,而与 v 和 z 有关的函数被称为不确定性加权。

加权的作用就是标定内部连接结构(规范它)使得在未标定结构中的控制目标能够得到满足,而无论何时,对于所有具有必要块结构形式的单位大小的扰动 $\boldsymbol{\Delta}$,在标定的结构中从 d 到 e 的闭环增益小于 1。然后 μ 综合设计工具使用标称结构,求出控制器 K,从而实现了单位范数鲁棒性能目标。

加权是控制设计的技术指标。对于经典 SISO 设计指标可以用两种方式使用它们:相对于固定指标(一种分析问题)确定可实现的性能,或相对于其他指标对某些指标进行折中处理。这两种方式的差别是细微的,但却很重要。例如,一个设计者可能知道需要 10dB 增益裕度、期望 5rad/s 的带宽(由于性能原因)以及低于 20rad/s 并具有 50% 的模型不确定性。把这些设计目标并入内部连接结构并且完成 $\boldsymbol{D} - \boldsymbol{K}$ 迭代,会发现最终 μ 分析所给出的 μ 值大于 1。因此,我们知道,当存在预定的不确定性时,不能够获得期望的性能。为此设计者必须改变权值以实现合理的折中。例如,他可能会发现,如果带宽目标降到 4rad/s 并且模型不确定等级降至 40%,则鲁棒性能能够得到保证。以这种方式,所有经典控制设计技巧都包含在了权值的大小和形状之中。

下面对每个性能和不确定性信号以及典型的权值选择进行探讨。

1）跟踪误差加权

为跟踪误差所选择的加权可被看成是惩罚函数。即,在频率范围内,在期望的小误差处,权值应当大;而在能够容许的比较大误差处,权值应当小。考虑加权的另一种方式是选择它们的频率响应,使得可以接收的未归一化的误差信号(由扰动 **d** 引起,当经过加权传递函数时),具有归一化的误差频率响应(近似单调且大小为 1）。

（**注意**）对于具有 d（从输出处加入）的经典 SISO 回路,该解释意味着这些权值对应于返回差 **I** + **GK** 的期望频率响应幅值。

根据图 5 – 9 中的性能模型,将加权 W_e 包含进来,如图 5 – 17 所示。信号 e^1 是规范化后的误差信号。

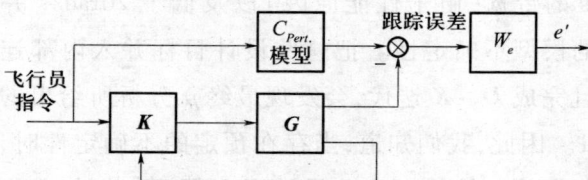

图 5 – 17 加权的跟踪误差

跟踪误差权值的大小和频率响应形状取决于以下几点。首先,在超出反馈回路带宽频率处的误差必须是开环大小。这意味着权值应当朝零幅值滑动或稳定到一个数值,它小于 **d** 到 **e** 开环增益的逆。其次,为了实现积分作用(零稳态误差),权值在非常低的频率处应当很大。然而,应当小心,对于 μ 综合的大多数软件包,在权矩阵中并不容许纯积分。因此,具有足够小 ε 的 $\dfrac{1}{s+\varepsilon}$ 权值可以实现积分作用。对于其他狭窄频率范围,通过把振荡器包含在权阵中,再次增加少量阻尼以满足软件要求,能够表示出类似于接近零误差的性能。最后,对于多个信号,在 e 内选择合适的相对值是很关键的。该取值规则很简单:应当选择每一个权值使得权值与可接收的未归一化的信号之积近似单调并且为单位大小。这样,在 μ 综合优化中所有的性能信号都受到类似的重视。注意,在这里单位十分重要。例如,对两个角度信号加权,一个用度测量,另一个用弧度表示,用弧度表示的信号乘以 $180/\pi$ 后,则变成用度表示的信号。基于相同的理由,设计折中的方法也很明显。如果一个误差的性能相对于另一个误差需要改善,人们只需要改变两者的相对加权。

当为设计折中选择性能权值时,重要的是要牢记设计模型的合理范围。例如,当设计模型不能正确表示低频特性时,对一个误差信号进行积分是无用的。飞机纵向动态特性的短周期近似(忽略了长周期模态)就是一个恰当的例子。由于在这种近似模态中不能正确地表示低频性能,在该频率范围,加权可以滑离而不需要对(短周期)设计进行折中处理。

图 5 - 18 给出了一些典型的误差加权函数图形。

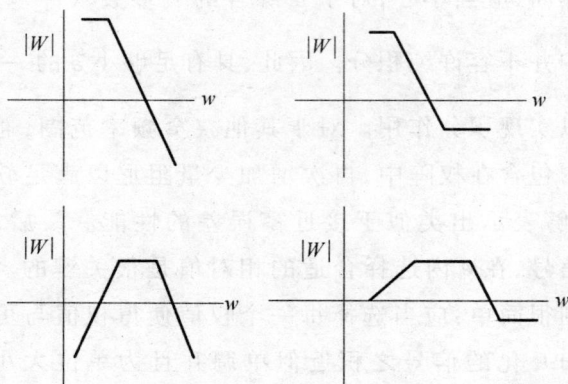

图 5-18　跟踪误差的典型加权函数图形

2）执行器偏转加权

通过对执行器偏转或者偏转指令加权,设计者能够惩罚较大的偏转并且最小化控制效能。注意,可以再次将这些加权解释为惩罚。我们也能够使用该注释:选择它们的大小使得权值与可接收的未归一化的偏转之积接近单调和单位大小。图 5-19 表明了这些权如何被并入到内部连接结构之中。

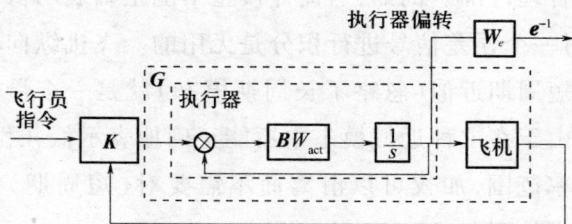

图 5-19　加权的执行器偏转

接着上面的解释,对执行器偏转的最简单加权是在整个频率范围内取常值并且其值等于偏转限制的倒数。例如,在侧向设计问题中,如果副翼限制是 $-50° \sim +50°$,一个适当的偏转加权是 1/50。我们推荐第一种方法,所选择的权值等于偏转范围大小的倒数。在上面的例子中,加权将为 1/100。这种选择消除了来自非对称约束的含糊性。

3)执行器速率加权

类似地,对执行器速率加权也使控制效能最小化。图 5-20 说明了如何将其并入 P 中。

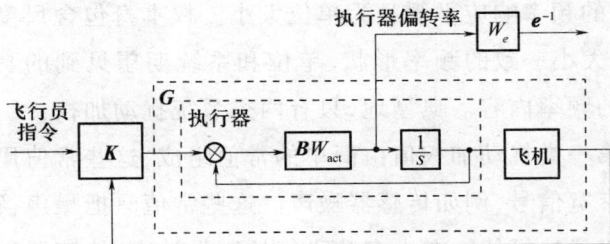

图 5-20 加权的执行器速率

对执行器速率权值的合适选择仍是最大可接收信号值的倒数(速率限制,对所有频率都保持为常数)。在特殊情况下,依赖频率的权值可以通过铰链力矩条件来证明其正确性,但通常没有这个必要。

由于系统带宽直接与系统响应速度有关并且执行器响应速率能够限制系统的响应,因此对执行器速率的加权也能够被用来作为调节闭环系统的最终带宽:较大的权值减小带宽,而较小的权值增加带宽。

4）指令、扰动和噪声输入加权

现在转到内部连接结构中外部扰动信号 **d** 的权值选择上。回顾一下,这些信号包括传感器噪声、外部扰动(例如,阵风、瞬态过程等)和飞行员指令。这些信号的加权作用基本上与目前所讨论 **e** 的权值的作用相反。不采用非标定信号并且归一化它们,扰动加权采用单调的单位大小信号并对其换算,为 **d** 产生一个给定的幅值和频率范围(在该范围上,设计必须确保良好的性能)。

图 5-21 解释了扰动加权的作用。加权的输入是信号,它的频率响应平缓且为单位大小。权本身包含尺度因子、与大小一致的频率形状、单位和系统期望见到的真实输入的频率内容。典型地,只有两类系统扰动加权:

第一类扰动加权值由简单的常值组成,这些常值用于构建带宽信号,例如传感器噪声。这些常值只把噪声换算成它正确的幅值。在大多数飞行控制设计中,传感器噪声很小并且并不显著地影响性能。于是,想将它们的权设置为零或在内部连接结构中完全将其忽略。然而,H_∞ 解的

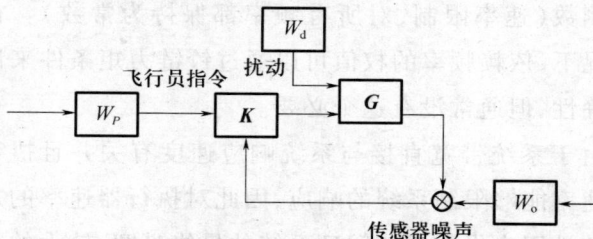

图 5-21　加权的输入信号

某些技术条件通常强制性地选择小的非零权值。

第二类扰动权值由低通滤波器组成,该低通滤波器用于构造有带宽限制的信号,例如阵风和飞行员或外环指令。典型地,这些权是一阶传递函数,具有所选择的产生正确信号强度的增益,和所选择的匹配信号带宽的时间常数。例如,可以在 $V/L(\text{rad/s})$ 的带宽上把一个阵风模型换算成 6ft/s[①] 的阵风,其中 V 是空速,L 为当前高度阵风尺度的长度。这与流行的 Dryden 阵风谱十分相似。类似地,为了在 1rad/s ~ 2rad/s 的带宽上产生全杆指令,可以变换飞行员指令。

5)不确定性加权

不确定性加权将前面描述的标称化单位大小的摄动变换成另外一种摄动,这种摄动的幅值和频率与设计模型中的不确定等级相一致。回顾一下,摄动由几种元素构成:输入不确定性,输出不确定性以及各种实参数误差。我们对每一种情况都要给出权值。

(1)输入处不确定性加权。正如前面图 5 - 13 所示,对象输入处的不确定性用复值乘性摄动块 Δ_{input} 来表示。对于该块本身,它在频率上很平坦并且具有单位大小,通过把信号变换到该块中,我们给出摄动的实际大小,如图 5 - 22 所示。正像上面讨论过的其他加权,这里的权是一个对象的传递函数矩阵,对每一个信号都有一个标量加权函数。

---

① 1ft = 0.3048m。

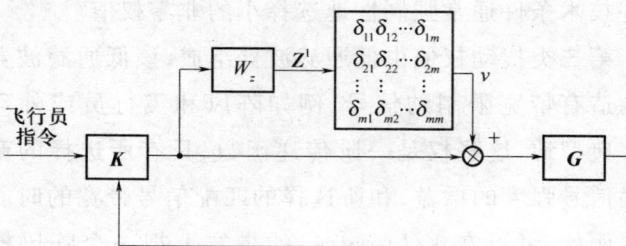

图 5 - 22　输入处加权的不确定性

　　跨跃频率的标量加权的大小与形状由对象模型中的不确定性等级确定。在模型非常不确定的频率范围加权大，在模型较准确的频率范围加权小。对于大多数飞行控制设计工作，人们对短周期和荷兰滚频率的模型很清楚。除了这些，模型逐渐变得不太可靠了。不确定性加权必须要反映出这一点，在短周期范围大约 50% 的不确定性，在比较高的频率处上升至 100% 以上。许多纵向设计开始时采用短周期近似，忽略了长周期和螺旋动态特性。在这些情况下，在低频时，加权也应当能够反映出不断增加的不确定性。所产生的不确定性加权的典型形状如图 5 - 23 所示。图(a)表示模型具有小的低频不确定性和在高频段不断增加的不确定性，而图(b)表示基于短周期近似的模型。

　　由于输入不确定性使用乘性表示，权值的实际大小很容易确定。在任何频率处的大小对应于该频率处可能产生的模型误差的比值(相对于标称模型)：0.50 对应于像 50% 那么大的误差，1.00 相应于 100% 那么大的误差，2.00 相应于 200% 那么大的误差，以此类推。由于摄动是

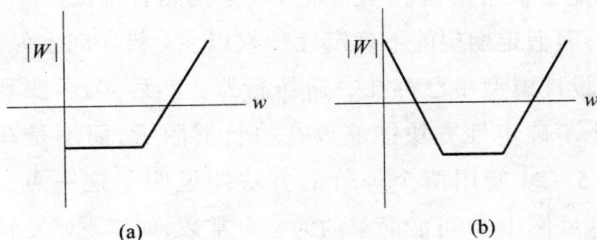

图 5 – 23　输入不确定性加权的例子

复值的,因此每个层次描述可能产生的增益、相位误差或同时产生的增益与相位误差。此外,由于摄动是非结构的,可能产生的误差也包括通道间的交叉耦合和其他多变量交互影响。

根据经验,在控制带宽内一般假设 50% 的不确定性,在该范围之外,不确定性按 +1 的斜率(在对数—对数坐标上)增加。这能保证合理的经典稳定性裕度(对于 SISO 回路,6dB,30°)以及在穿越频率后的适当转折。通常使用具有零极点的低阶传递函数来获得不确定性加权的频率域形状。通常没有必要采用较高阶的传递函数,因为它们会产生阶次较高的补偿器。

应当指出的是,作为 P 中的状态空间系统,图 5 – 23 中所示的加权是不可能实现的,因为对每种情况,其零点数目都超过极点数目(它们的传递函数是非正常的)。实际实现要在高频处增加极点,使传递函数合理化,或者利用 P 中已存在的动态特性来实现同一目标。作为加权实现的后一种方法的例子,下述技巧表明:现存的执行器模型怎样能够被用来适应零点超过极点的这种情况。

技巧:假定期望的不确定性加权以 +1 斜率向上倾斜,并且在设计模型中已存在一阶执行器。然后,为了实现加权,一个不确定性方块能够放在执行器附近,而不是在其前。图 5 - 24 使用两个等价的方块图说明了这一点。注意,在这些图中 W 可能简单的为一个常数,如果不确定性零点恰好与执行器极点相同,或者一个(适当的)超前滞后环节,$W = (s + z)/(s + a)$ 将零点配置在任意期望的位置。

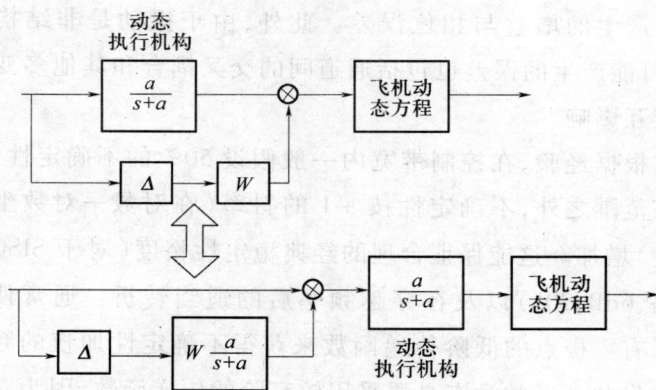

图 5 - 24　使用执行器模型实现非正常的加权

(2)输出处不确定性加权。在输出处的不确定性用于建立传感器的不确定性增益和相位特性的模型。这些权值的大小和频率形状应当能够表达出相对于标称传感器模型可能产生误差的相对值。通常在这里,常值加权就足够了,但是有时我们认为用依赖频率的权值来表示特定已知的传感器误差更为合理。那么加权看起来十分相似于图 5 - 23 所示的图形。

（3）实参数不确定性加权。当在本节的"不确定模型"的"实参数不确定性"中增加附加的输入和输出时，由于实参数的真实不确定性已合并为尺度因子，因此通常在此不需要附加权。理论上，不稳定的气动影响能够激发附加的依赖频率的形状。但是这些影响通常发生在控制带宽之外，并且如果有必要，能够较好地作为标称模型中的附加动态特性来处理。

6）完整的内部连接结构

图 5 - 25 给出了一个内部连接结构，它组合了前面章节中所描述的所有中间步骤。注意，该图只是图 5 - 6 中的一般反馈图中的一个例子。图 5 - 6 中大摄动块 Δ 由图 5 - 25 所有单独的 Δ_x 块所组成，它们按块对角形式排列，即

$$\Delta = \begin{bmatrix} \Delta_{input} & 0 & 0 \\ 0 & \Delta_{output} & 0 \\ 0 & 0 & \Delta_{param} \end{bmatrix} \qquad (5-29)$$

相应地，Δ 的输入 z 是所有的单个块输入，由一个向量集中表示；输出 v 也是所有的单个块输出，也由一个相似的向量表示。图 5 - 6 中控制补偿器 K 相应于图 5 - 25 中的线性控制器方块，具有输入（用 y 表示）和输出（用 u 表示）。图 5 - 25 中的其余部分对应于 P，具有所有输入（用 d 表示）和所有输出（用 e 表示）。

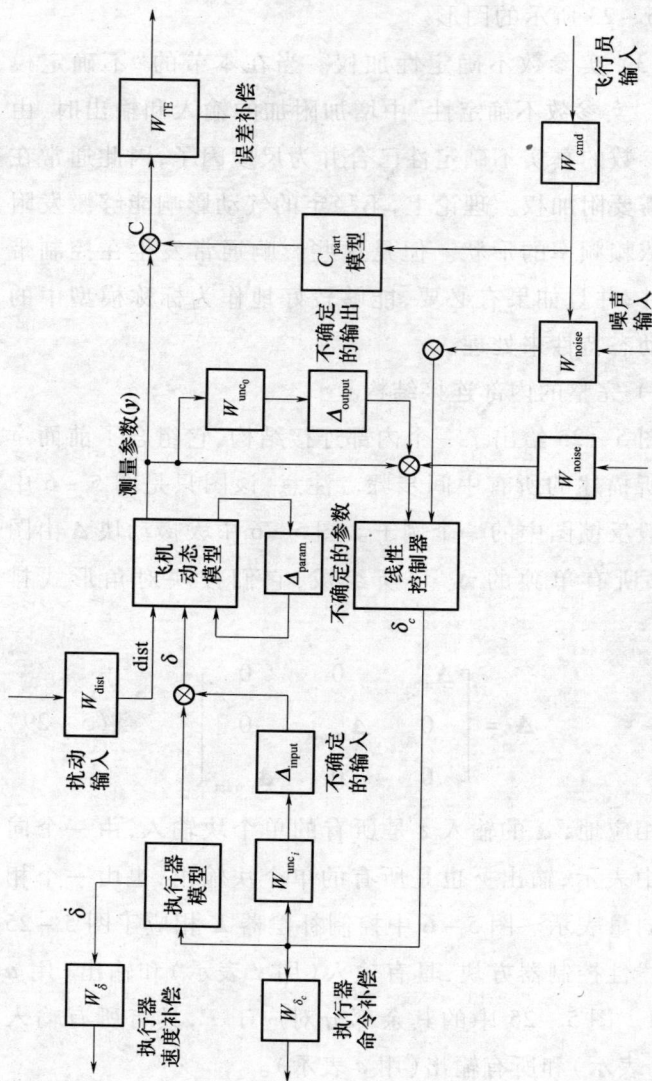

图 5-25 完整的内部连接结构例子

误差补偿 W_{TB}

飞行员输入 W_{cmd}

C_{part} 模型

噪声输入 W_{noise}

不确定的输出 Δ_{output} W_{unc_o}

测量参数 (y)

W_{noise}

飞机动态模型 Δ_{param}

不确定的参数 线性控制器

δ_c

扰动输入 W_{dist}

dist δ

不确定的输入 Δ_{input}

执行器模型 W_{unc_i}

$\dot{\delta}$

执行器速度补偿 W_{δ}

执行器命令补偿 W_{δ_c}

5.3.3 闭环响应

给定一个图 5-26 所示的标称内部连接结构,对于所有可能的具有定义块结构的单位大小摄动 Δ,我们的设计问题是找出一个增稳的补偿器 K,使从 d 到 e 的闭环频率响应矩阵的最大奇异值小于 1。这样一种补偿器保证在不确定性集合中对所有模型都能满足鲁棒性能指标。μ 分析理论告诉我们,这个问题有一个等价的可代替的解释,即,找出一个增稳的 K,使一个较大矩阵的结构奇异值小于 1。这个较大的矩阵就是从 (v, d) 到 (z, e) 移去 Δ 的闭环频率响应。到现在为止,对于该综合问题还没有封闭解。然而,第二种解释导出了一个相当有效的近似迭代解。这种迭代方案在每次迭代后反复使用 H_∞ 解(标定所有信号集)。对于每一个步骤,都需要内部连接结构的闭环形式,在下面将对其进行描述。

考虑图 5-6 移去 Δ 后的一般反馈图。那么从 (v, d) 到 (z, e) 的闭环响应可写成

$$\begin{bmatrix} z \\ e \end{bmatrix} = M \begin{bmatrix} v \\ d \end{bmatrix} \qquad (5-30)$$

其中 M 是传递函数,它由环绕 P 的闭合的 K 反馈回路组成,如图 5-26 所示。注意,M 依赖于 P 和 K。

利用块划分传递函数,下面我们推导 M 的函数形式。令

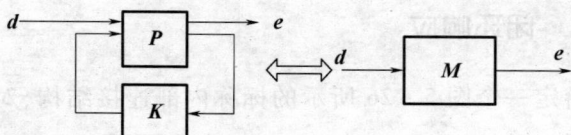

图 5 – 26 一般的反馈回路框图

$$\boldsymbol{p} = \begin{bmatrix} p_{zv} & p_{zd} & \vdots & p_{zu} \\ p_{ev} & p_{ed} & \vdots & p_{eu} \\ p_{yv} & p_{yd} & \vdots & p_{yu} \end{bmatrix} \qquad (5-31)$$

其中把 $\boldsymbol{P}$ 在输入和输出处划分成两个信号集,使得

$$\begin{bmatrix} \boldsymbol{z} \\ \boldsymbol{e} \end{bmatrix} = \begin{bmatrix} \boldsymbol{P}_{zv} & \boldsymbol{P}_{zd} \\ \boldsymbol{P}_{ev} & \boldsymbol{P}_{ed} \end{bmatrix} \begin{bmatrix} \boldsymbol{v} \\ \boldsymbol{d} \end{bmatrix} + \begin{bmatrix} \boldsymbol{P}_{zu} \\ \boldsymbol{P}_{eu} \end{bmatrix} \boldsymbol{u} \qquad (5-32)$$

$$\boldsymbol{y} = \begin{bmatrix} \boldsymbol{P}_{yv} & \boldsymbol{P}_{yd} \end{bmatrix} \begin{bmatrix} \boldsymbol{v} \\ \boldsymbol{d} \end{bmatrix} + \boldsymbol{P}_{yu} \boldsymbol{u} \qquad (5-33)$$

把 $\boldsymbol{u} = \boldsymbol{K}\boldsymbol{y}$ 代入这些表达式中并且消去 $\boldsymbol{y}$ 得到闭环响应

$$\boldsymbol{M} = \begin{bmatrix} \boldsymbol{M}_{zv} & \boldsymbol{M}_{zd} \\ \boldsymbol{M}_{ev} & \boldsymbol{M}_{ed} \end{bmatrix} = \begin{bmatrix} \boldsymbol{P}_{zv} & \boldsymbol{P}_{zd} \\ \boldsymbol{P}_{ev} & \boldsymbol{P}_{ed} \end{bmatrix} + \begin{bmatrix} \boldsymbol{P}_{zu} \\ \boldsymbol{P}_{eu} \end{bmatrix} \boldsymbol{K} (\boldsymbol{I} - \boldsymbol{P}_{yu}\boldsymbol{K})^{-1} \begin{bmatrix} \boldsymbol{P}_{yv} & \boldsymbol{P}_{yd} \end{bmatrix}$$

$$(5-34)$$

5.3.4 H_∞ 综合

找出使 $\boldsymbol{M}$ 的结构奇异值小于 1 的补偿器问题能够用重复的 H_∞ 解来解决,交替地对信号集改变尺度。这些迭代的 H_∞ 部分应用经过良好改进的 H_∞ 最优控制理论。该

理论提供了使 M 的 H_∞ 范围最小化的补偿器（在频率上，最小化 M 的最大奇异值，而不是 M 的结构奇异值）。所需要的计算由以一维搜索方式在一个参数 γ（对应于当前所得到的 H_∞ 范数值）上重复求解的两个 Riccati 方程组成。搜索的任务是使 γ 尽可能的小。Riccati 方程的解以及 γ 搜寻，也可用几个可用的软件包来实现。

H_∞ 综合所需要的输入数据是对应于上述传递函数 P 的状态空间表示：

$$
\begin{bmatrix} A & \vdots & B \\ \cdots & \cdots & \cdots \\ C & \vdots & D \end{bmatrix} = \begin{bmatrix} A & \vdots & B_v & B_d & B_u \\ \cdots & & \cdots & \cdots & \cdots \\ C_z & \vdots & D_{zv} & D_{zd} & D_{zu} \\ C_e & \vdots & D_{ev} & D_{ed} & D_{eu} \\ C_y & \vdots & D_{yv} & D_{yd} & D_{yu} \end{bmatrix} \qquad (5-35)
$$

这样划分将状态 x 从输入信号集 (v,d,u) 中分离出来，状态导数 $\dot{x}$ 从输出信号集 (z,e,y) 中分离出来。

为了使解存在，在状态空间 D 矩阵上的特定的秩条件必须要得到满足。这些条件如下：

（1）满秩 $D_{xu}^T D_{zu} + D_{eu}^T D_{eu}$，意味着在高频处的控制作用在 z 或在 e 中被惩罚。

（2）满秩 $D_{yv} D_{yv}^T + D_{yd} D_{yd}^T$，是指由于 v 或 d，传感器经历了高频扰动有必要为搜索参数 γ 提供一个允许的初始值，使得

$$
\gamma_{opt} = \inf_K \| M \|_\infty < \gamma \qquad (5-36)
$$

其中，γ_{opt} 是在所有可能使 K 稳定的值上对于 M 的

H_∞ 范数(初始未知)的最小可实现的值。

对于 γ 的初始值大于 γ_{opt},我们知道对于 H_∞ 综合,最初的 K 产生一个 M,但 $\|M\|_\infty \leqslant \gamma$。然后,可以逐渐地选择较小的值并且重复该综合直到不能进一步减小该值为止。如果起始值或任何中间搜索值降到 γ_{opt} 以下,则 H_∞ 解不能满足某些附加的特征值条件。大多数软件包检测这些条件,报告失败并且接受较大的 γ 值再进行尝试。有些软件产品甚至完全自动搜索,通常用二等分方法,当用户输入时,只需输入中止的容许偏差和搜索间隔。

在 γ 搜索完成之后,所提供的补偿器 K 是具有矩阵 $[A,B,C,D]$ 的状态空间形式,它们直接从最后的 Riccati 解中计算得到。这些矩阵在后面的 μ 分析中被用于构造闭环系统 M 和在重要的频率范围计算它的频率响应。虽然理论上保证 M 是稳定的并且其最大奇异值小于或等于最终的 γ,但是有时可能会出现微小的数字计算困难。

5.3.5　μ 分析和 D 尺度

1. μ 分析

μ 分析的下一步是一个完全的闭环频率响应 $M(j\omega)$ 的逐点 μ 分析。正如在前面章节所描述,这涉及在每个频率点处计算 M 的结构奇异值并将这些值与 1 相比较。回顾一下,定义结构奇异值总是相对于一个特定的不确定结构。在这种情况中,结构用下式给出:

$$\boldsymbol{\Delta}_M = \begin{bmatrix} \boldsymbol{\Delta} & \vdots & 0 \\ \cdots & \cdots & \cdots \\ 0 & \vdots & \boldsymbol{\Delta}_p \end{bmatrix} = \begin{bmatrix} \boldsymbol{\Delta}_{\text{input}} & 0 & 0 & \vdots & 0 \\ 0 & \boldsymbol{\Delta}_{\text{output}} & 0 & \vdots & 0 \\ 0 & 0 & \boldsymbol{\Delta}_{\text{param}} & \vdots & 0 \\ \cdots & \cdots & \cdots & \cdots & \cdots \\ 0 & 0 & 0 & \vdots & \boldsymbol{\Delta}_p \end{bmatrix}$$

$$(5-37)$$

第一块是对象原来不确定性集合 $\boldsymbol{\Delta}$（本身是块结构），具有输入 – 输出信号 z 和 v。第二块 $\boldsymbol{\Delta}_p$ 是"虚构"的摄动，表示性能要求，具有输入、输出信号 e 和 d。

对于这种不确定性结构，条件 $\mu[\boldsymbol{M}] < 1\,\forall\,\omega$ 保证：当同时从 z 到 v 连接 $\boldsymbol{\Delta}$ 和从 e 到 d 连接 $\boldsymbol{\Delta}_p$，闭环系统 $\boldsymbol{M}$ 仍然是稳定的。后一个条件精确地表明对于整个模型集，d 到 e 的增益小于 1，从而保证了性能是鲁棒的。

2. $\boldsymbol{D}$ 尺度

在每一个频率处 μ 的精确值通常是不易计算的。而上界和下界被用来将真实值归列在一起。尤其上界在计算上是基于一个在对矩阵 $\boldsymbol{D}$ 尺度变换类别上易于控制的搜索，矩阵 $\boldsymbol{D}$ 用摄动 $\boldsymbol{\Delta}_m$ 求解。变换矩阵以下述方式与摄动结构相适应：

$$\boldsymbol{D} = \begin{bmatrix} d_{\text{input}}\boldsymbol{I}_{\text{input}} & 0 & 0 & \vdots & 0 \\ 0 & \boldsymbol{D}_{\text{output}} & 0 & \vdots & 0 \\ 0 & 0 & \boldsymbol{D}_{\text{param}} & \vdots & 0 \\ \cdots & \cdots & \cdots & \cdots & \cdots \\ 0 & 0 & 0 & \vdots & \boldsymbol{I}_p \end{bmatrix} \qquad (5-38)$$

这里，标量 d_{input} 与一个和 $\boldsymbol{\Delta}_{\text{input}}$ 维数相同的单位阵相

乘，D_{output} 和 D_{param} 是对角线矩阵并且分别与 Δ_{output} 和 Δ_{param} 的维数相同。总之，在 D 中有 $1 + n_{output} + n_{param}$ 个单独的标量参数。由于 D 与摄动的换算，它们中任何一个都为结构奇异值提供一个上界，即 $\bar{\sigma}[DMD^{-1}]$，取这些界中的最小值给出

$$\mu[M] \leq \inf_{D} \bar{\sigma}[DMD^{-1}] \qquad (5-39)$$

在方程里，实现下确界的特定 D 被称为 D 尺度。作为 μ 分析计算的一部分，它们被自动地计算出来。

5.3.6 $D-K$ 迭代

一旦完成 μ 分析的计算，就研究检验条件 $\mu[M] < 1$（$\forall \omega$）。如果满足这个条件，则当前的 H_{∞} 补偿器 K 满足所有的鲁棒性能指标。

继续下去有两个可能的选择：

（1）认可补偿器并且转到 μ 综合的简化步骤。

（2）执行另一个设计迭代，能够重复该选择直至下面要讨论的一个或两个收敛条件满足为止。每一次迭代都在 1 以下进一步减小 μ。这意味着在较大的不确定集 $\| \Delta \| \leq \mu^{-1}$ 上，设计满足严格的性能指标，$\| e \| \leq \mu$。

另一方面，如果检验条件失败，有两个其他的选择：

（1）迭代过程已经收敛，这由频率上一个近似单调的 μ 函数表示和/或由与前面迭代明显不同的当前 D 尺度表示。然后不能期望进一步的改善。放松某些指标要求而有利于其他一些指标要求的设计折中是必要的，正如当前

M 的特性所指导的那样。我们将在下面 M 分析标题下进一步讨论折中问题。

过程不收敛。执行另一个设计迭代。如果另一个迭代是合适的,它只是在 H_∞ 步骤中求解改进的优化问题意义上才与当前迭代不同。改善问题是原来问题的重新标定形式,使用当前的 D 尺度作为标定因子。

1. 有理 D 近似

不幸的是,目前的 D 尺度在频率上只是逐点有效的,因此它们不能够直接用来标定 P 的状态空间实现。必须要找出 D 的有理近似 $\hat{D}$,具有它们自己的状态空间实现。这些近似可添加到原始的内部连接结构中,所获得的改进形式如图 5 – 27 所示。

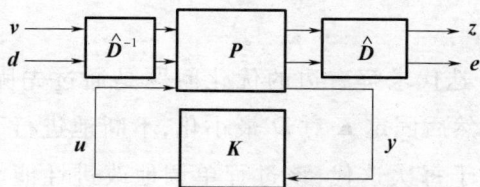

图 5 – 27 具有附加 D 尺度的内部连接结构

为了找出必要的有理近似,D 的每个对角元素都理解为传递函数,这些传递函数的 Bode 幅值图由计算的 D 尺度值给出。这些传递函数被进一步强制为稳定的,最小相位的并且在 jω 轴上没有奇异点(包括在 $\omega = \infty$ 处也没有奇异点)。在这些条件下,$\hat{D}$ 和 $\hat{D}^{-1}$ 可被实现成稳定的状态空间系统。

对于简单的函数,该受约束的传递函数近似步骤常常仅用几次试探迭代动手完成。经典的设计者尤其擅长于此。对于更加复杂的函数,需要软件工具。这些工具使用逐点计算的 D 尺度作为输入以及使用有关期望的近似阶次和(有时)拟合精度信息作为频率的函数。如果上界对一定频率范围的 D 尺度非常敏感而对其他频率范围的 D 尺度不太敏感,则后者十分有用。

2. D – K 迭代的性质

从理论上的观点,上述的迭代过程只是求解真实 μ 最小化问题的一个近似方法。μ 最小化问题使用上界:

$$\inf_{K} \mu [M(P,K)] \leqslant \inf_{K,D} \bar{\sigma} [DM(P,K) D^{-1}]$$

$$(5-40)$$

D – K 迭代求解右边的优化问题是通过先固定 D 对 K 最小化,然后固定 K 对 D 最小化,不断地进行下去。可以看到,对于每次迭代,该过程单调地改进性能。假定有理的 D 尺度被完美地近似,除此之外,几乎没有好的性质能够应用。尤其该过程不能保证找出全局最优解,因为函数 $\bar{\sigma} [DM(P,K) D^{-1}]$ 在 D 和 K 中并不共同为凸。因此,它可能陷入局部极小。

此外,随着迭代的收敛,它们的数值条件逐渐变差,因为最终的 μ 最优解(在频率上是平坦的)需要合适的补偿器(具有非零状态空间 D 矩阵)。然而,对在每一次迭代,

Riccati 解算器都产生精确的合适的补偿器。D 矩阵由 K 中的宽带元素近似，随着迭代的进行，其极点趋向无穷。逐渐地，不断增加的极点扩展超出了 Riccati 解算器的数字能力，最终必须在完全收敛之前终止迭代。

然而，尽管有这些限制，对于飞行控制和其他应用的设计经验表明对于具有严格鲁棒性要求的困难设计情况，该迭代过程对综合控制律是十分有效的。

3. M 分析

虽然检验条件 $\mu[M] < 1$，$\forall \omega$ 对于闭环频率响应 $M(j\omega)$ 是研究的主要特性，但更多的特性是嵌入在矩阵中的信息。这些信息帮助人们理解当前的设计并且在指导性能折中上和在收敛检验条件失败的情况下是必不可少的。

为了确定它在某些频率范围为什么较大，将 M 分解成不同的组元可以提取进一步的信息。最基本的分解方法之一就是观察鲁棒稳定性的贡献和在整个鲁棒性能目标上的标称性能要求。通过将 $\mu[M_{zv}]$ 和 $\bar{\sigma}[M_{ed}]$ 图与 $\mu[M]$ 图相比较，就可以做到这一点，$\mu[M]$ 限定了其他两个函数的界。在 $\mu[M_{zv}] \approx \mu[M]$ 的频率范围，鲁棒稳定性要求对整个目标来说是主要的贡献者，并且如果 $\mu[M] > 1$，必须使不确定集很小。另一方面，在 $\mu[M_{ed}] \approx \mu[M]$ 的频率范围，标称性能是主要的贡献者，并且如果 $\mu[M] > 1$，必须要放宽性能要求接受较大的 e。当然，在某些频率，两者的组元可能对 $\mu[M]$ 的贡献都很重大,放宽任何一个都将会影响到设计。

对 $\mu[M]$ 的其他贡献可用其他图来评价。例如,一个特定的扰动或者一组扰动的贡献可以通过选出 M 的适当列并且画出这些列所构成矩阵的最大奇异值来评价。相似地,一个特定的跟踪误差或者一组误差的贡献可以通过选出 M 的适当行并且画出这些行所构成的矩阵的最大奇异值来评价。

在前面所讨论的 D 上的秩条件之一有时可以通过将传感器噪声引入 d 中来满足。然后期望知道该噪声对整个设计目标的贡献在事实上是否可忽略。可以通过比较相应于 d 的传感器噪声元素的 M 最大奇异值图与 $\mu[M]$ 图来对此加以证实。如果 $\bar{\sigma}[M_{\text{sensornoise}}] \leqslant \mu[M]$,那么该噪声对于整个设计则没有什么重要的贡献。

可对 M 的其他行或者列做相同类型的比较。例如,与控制作用相关的惩罚可以通过比较相对于 e 的控制惩罚元素的 M 最大奇异值图与 $\mu[M]$ 图来对此加以证实。如果 $\bar{\sigma}[M_{\text{controlpenalty}}] \leqslant \mu[M]$,那么控制惩罚对于整个设计所做的贡献是不重要的。在许多情况下,控制惩罚的贡献将依赖于频率(例如,执行器速率惩罚在高频可能很重要,但在低频却不重要)。

在其他分析中,输入/输出信号的子集可以从 M 中删除,并且所得到较小矩阵的 μ 函数能够与原始的 $\mu[M]$ 比较。这能够说明所删去的元素(一个特定的模型摄动或性能信号)对整个设计是否重要。例如,以这种方式,不确定的稳定性导数的影响能够与高频未建模动态特性的影响分开来研究。再次说明，该思路是发现比较小的问题，对于该问题，μ 与 $\mu[\boldsymbol{M}]$ 致密一致。

5.4 | 纵向飞控系统设计与仿真

5.4.1 飞机模型及内部连接结构

采用某飞机模型，其飞行状态为：飞行速度 $V_0 = 209.6241\mathrm{m/s}$，$Ma = 0.7$，$H = 10000\mathrm{m}$。纵向短周期运动方程为

$$\begin{cases} \dot{\boldsymbol{x}} = \boldsymbol{Ax} + \boldsymbol{Bu} \\ \boldsymbol{y} = \boldsymbol{Cx} + \boldsymbol{Du} \end{cases}$$

其中

$$\boldsymbol{A} = \begin{bmatrix} -0.5699 & 1 & 0 \\ -2.4915 & -1.1436 & 0 \\ 0 & 1 & 0 \end{bmatrix} \boldsymbol{B} = \begin{bmatrix} -0.0293 & 0.0048 \\ -2.2683 & 1 \\ 0 & 0 \end{bmatrix},$$

$$\boldsymbol{C} = \begin{bmatrix} 1 & 0 & 0 \\ 0 & 1 & 0 \\ 0 & 0 & 1 \end{bmatrix} \boldsymbol{D} = \begin{bmatrix} 0 & 0 \\ 0 & 0 \\ 0 & 0 \end{bmatrix}$$

式中：$\boldsymbol{x} = \begin{bmatrix} \alpha & q & \theta \end{bmatrix}^{\mathrm{T}}$，$\alpha$、$q$、$\theta$ 分别表示迎角、俯仰角速率以及俯仰角的变化量；$\boldsymbol{u} = \begin{bmatrix} \delta_e & \mathrm{dist} \end{bmatrix}^{\mathrm{T}}$，$\delta_e$ 表示升降舵变化量，dist 表示阵风的输入。

舵回路简化模型为

$$A\_M = \frac{10}{s + 10}$$

纵向平飞模态飞行控制系统设计内部连接结构如图 5 - 28 所示。

5.4.2 加权函数的选取

W_{cmd}:该加权函数采用单位范数信号作为输入并且产生一个与飞行员指令一致的信号。对于闭环系统,以跟踪俯仰角 θ 指令为目的,选择权为

$$W_{cmd} = 0.001 \frac{s + 100}{s + 0.1}$$

由于 W_{cmd} 的增益是 1,单位大小飞行员指令信号被转换成单位大小的 θ 指令。在 0.1rad/s 处的极点表明飞行员输入在高于 0.1rad/s 的频率上减弱了。在高于100rad/s的频率上,其静态增益为 0.001。

W_{TE}:该加权函数为输入指令与闭环系统输出之差所形成的误差加权。对于这种情况,只有一个 θ 输出。所选择的加权为

$$W_{TE} = 100 \frac{\frac{1}{14.4}s + 1}{\left(\frac{1}{0.45}s\right)^2 + 2\left(\frac{1}{0.45}s\right) + 1}$$

θ 误差的权在 0.0001rad/s ~ 0.05rad/s 范围有一个 40 的幅值。幅值 40 意指在那个频率段,像 1/40 = 0.025rad 那么大的误差是可以接受的。

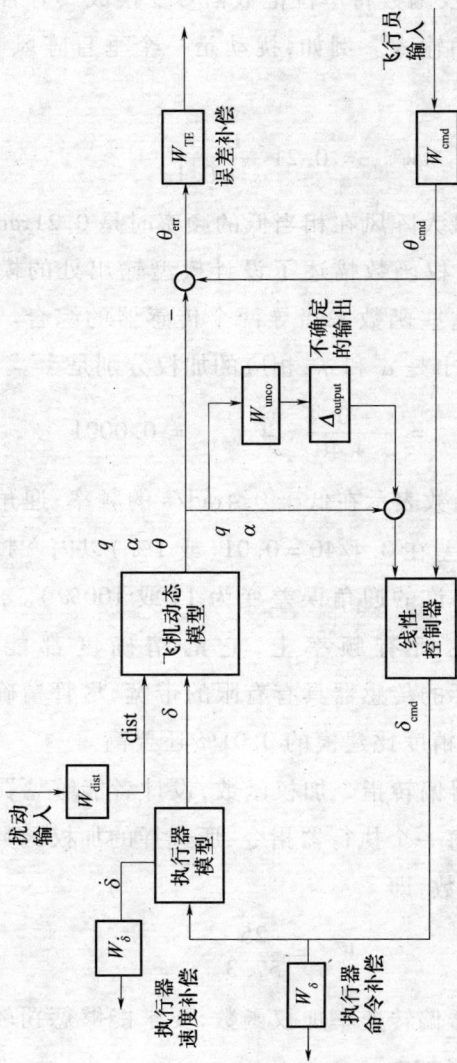

图 5-28 纵向平飞模态飞行控制系统设计内部连接结构

W_{dist}:该加权函数将单位范数信号变换成具有合适大小和频率的扰动输入。例如,扰动是一个垂直阵风,具有加权

$$W_{\text{dist}} = 0.21 \frac{0.1}{s + 0.1}$$

所期望的最大阵风在相当低的频率时是 0.21rad。

W_{unco}:该加权函数描述了设计模型输出处的模型不确定性。使用这些函数来指导两个传感器的综合。在本设计中,两个输出是 α 和 q,相应的加权分别是

$$W_{\text{unco-}\alpha} = \frac{s + 0.4}{s + 40}, \ W_{\text{unco-}q} = 0.0001$$

α 的加权函数表示在低于 0.4rad/s 的频率,迎角信号非常好,迎角误差在 0.4/40 = 0.01(或 1%)以内。频率大于 40rad/s,所容许的迎角误差变为 1(或 100%)。q 的加权函数表示在所有频率上,它的精确度都能达到 0.0001%。实际的传感器具有有限的带宽,尽管精确度已很高,但有时其精度比建模的 0.01% 还要高。

W_{δ}:执行器偏转指令加权函数,设计者能够惩罚较大的偏转。对于每一个执行器指令,所选择的加权函数是其值为 0.43 的常数,即

$$W_{\delta} = \frac{25}{57.3}$$

$W_{\dot{\delta}}$:执行器偏转速率加权函数,要求能够惩罚较大的偏转速率。选择加权函数为

$$W_{\dot{\delta}} = \frac{80}{57.3}$$

5.4.3 μ 综合与 μ 分析

根据上述的飞机模型、加权函数以及内部连接结构图就可以构造一个如图 5 - 29 所示的内部结构 P 。下面就可以使用 MATLAB 软件中的 μ 工具箱进行 D - K 迭代来求解控制器 K 。

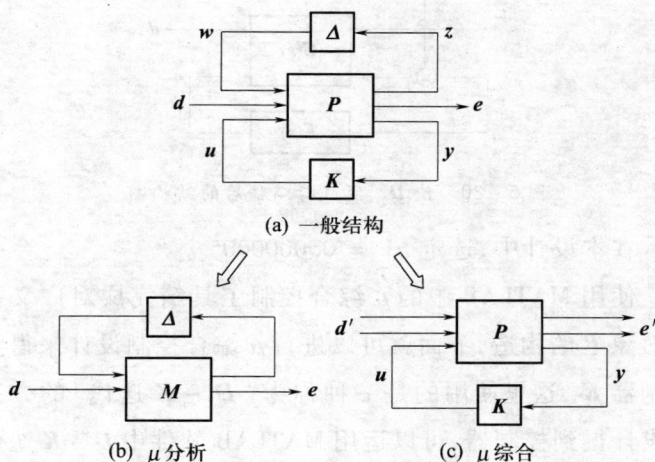

(a) 一般结构

(b) μ 分析　　　　(c) μ 综合

图 5 - 29　鲁棒控制系统的结构形式

刚开始 D - K 迭代时不收敛,原因在于 D_{21} 为非行满秩,所以引入新的干扰信号

$$\omega_{\alpha\text{ux}} = \varepsilon V v$$

来使得矩阵 $[D_{21}, V]$ 成为行满秩矩阵,其中 εV 为干

扰信号输入的权数。同理,只要 ε 选得充分小,新引入的干扰信号 $\omega_{\alpha ux}$ 对系统的影响便可忽略不计,如图 5 – 30 所示。其中增广后的一般反馈控制系统模型为

$$\begin{bmatrix} z \\ y \end{bmatrix} = \begin{bmatrix} A & B_1 & 0 & B_2 \\ C_1 & D_{11} & 0 & D_{12} \\ C_2 & D_{21} & \varepsilon V & 0 \end{bmatrix} \begin{bmatrix} v \\ d \\ u \end{bmatrix}$$

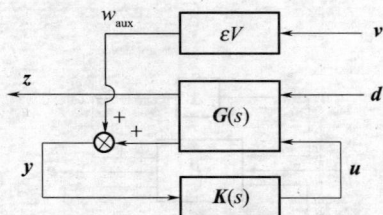

图 5 – 30   使 D_{21} 变成行满秩后的结构图

在本设计中,选定 $\varepsilon V = 0.0000005$ 。

使用 MATLAB 中的 μ 综合控制工具箱完成对广义被控对象 P 的构造,下面就可以进行 μ 综合控制设计来得到控制器 K ,这里使用的是一种称为" D – K 迭代"的方法来设计得到控制器,可以运用 MATLAB 软件中 D – K 迭代界面来进行 D – K 迭代从而求解得到控制器。在 MAT-LAB 软件命令窗口中输入"dkitgui",运行后,就可以得到如图 5 – 31 所示的 D – K 迭代界面。

点击界面中的"SETUP"按钮,就可以得到如图 5 – 32 所示界面,输入"YL76IC",然后点击"Open – Loop IC"按钮,之后就可以分别输入"Block Structure"、"Performance

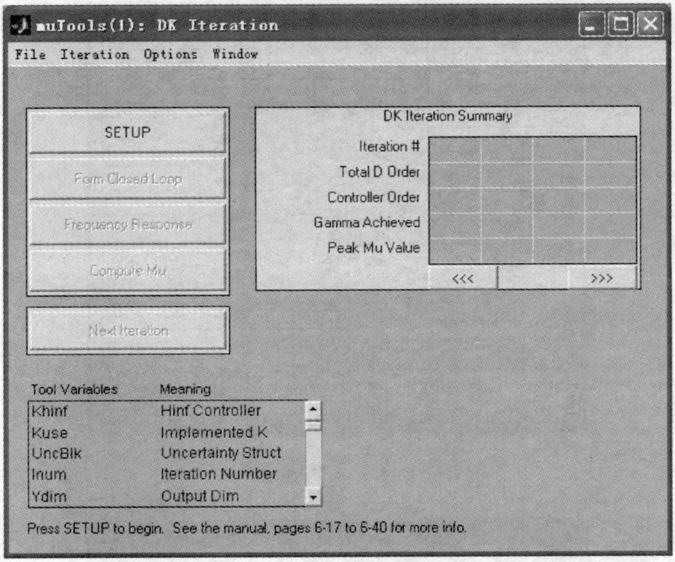

图 5 - 31   **D** - **K** 迭代界面

Structure"、"Feedback Structure"、"Frequency Structure"各模块的参数。

　　然后在图 5 - 32 所示界面的"window"下拉菜单中,点击"parameter",就可以得到如图 5 - 33 所示的 **D** - **K** 参数界面,并在其内"Each Iteration:Export…"给所有输出的前面的方框内打上对号,表示所有的参数都输出。

　　在做完上面的准备以后,就可以得到图 5 - 34 所示的设计界面图。在图中依次点击"Control Design"、"Form Closed Loop"、"Frequency Response"、"Compute Mu",这样就完成了第一次迭代。

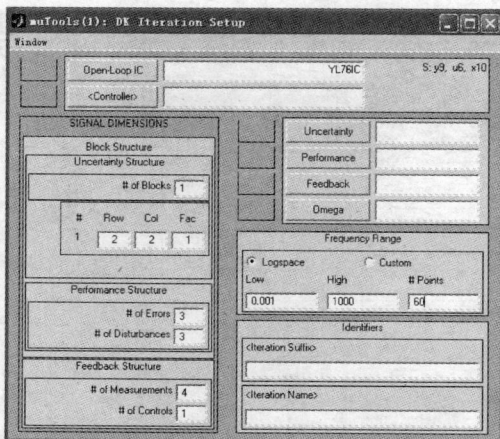

图 5 – 32　参数设置界面

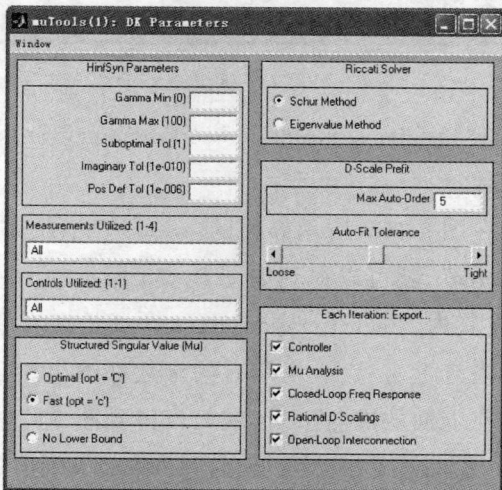

图 5 – 33　**D – K** 参数界面

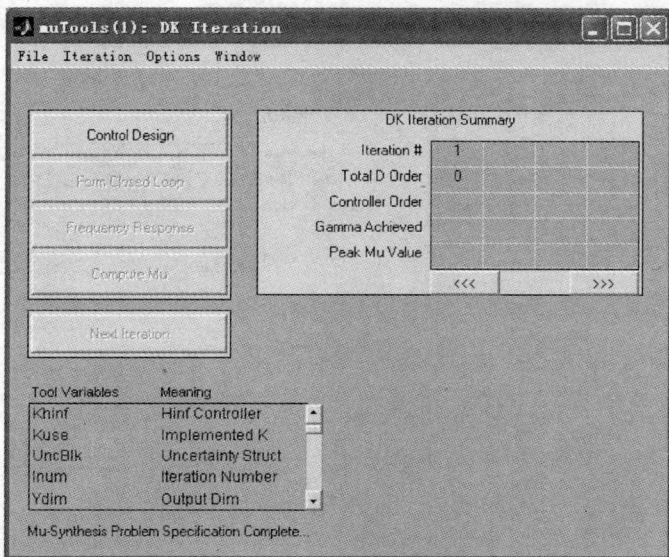

图 5-34　设计界面图

　　完成第一次迭代后会得到如图 5-35 所示的界面图,在图中的右面会出现相应的数据,在本算例中,只需要 1 次迭代就可以使得 $\mu < 1$ 。这就完成了 $D-K$ 迭代的过程。这样就可以得到一个 10 阶的控制器 K ,控制器 K 以矩阵的形式存储于 MATLAB 软件中的工作空间中。

　　只需要一次 $D-K$ 迭代就可将 μ 降低到一个可以接受的水平。经过一次迭代,得到 10 阶的控制器 K ,此时, $\mu = 0.738 < 1$,满足鲁棒稳定性的要求。

　　图 5-36 给出了经过一次迭代后 $\mu(M)$ 的上下界,从

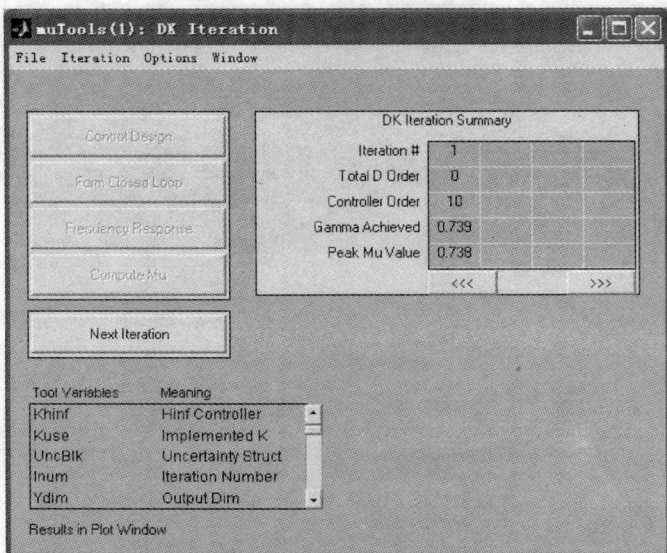

图 5 - 35　第一迭代完成后的界面

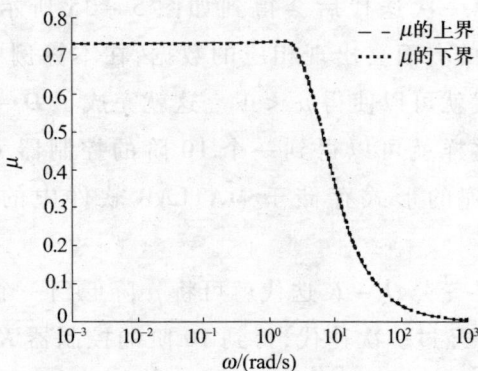

图 5 - 36　一次迭代后的 $\mu(M)$ 上下界

图中可以看出 $\mu(M)$ 的上下界完全重合,且都小于 1,则此时系统鲁棒稳定。

5.4.4 仿真分析

图 5 – 37 给出了具有 20% 的输出不确定性时在常值

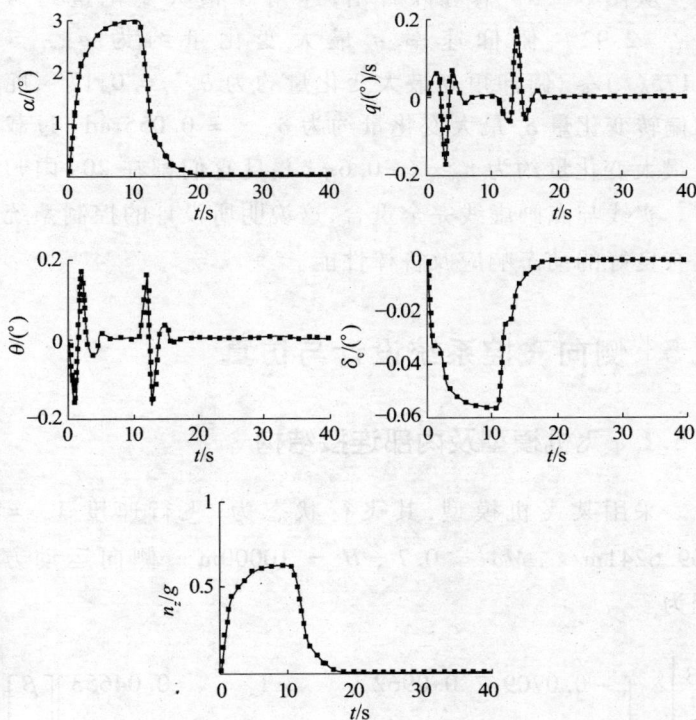

图 5 – 37 具有 20% 的输出不确定性时纵向平飞模态 μ

综合设计的仿真曲线

—— 20% 摄动;------标称。

风的作用下该飞机纵向平飞模态 μ 综合设计的仿真曲线。其中:常值风的终值为 35m/s ,并给出了迎角 α 、俯仰速率 q 、俯仰角 θ 、舵面偏转 δ_e 和过载 n_z 的仿真曲线。其中实线是具有输出不确定性时所得到的曲线,点画虚线是无不确定时所得到的曲线。

从图 5 - 37 中可以看出,迎角 α 最大变化量约为 $\alpha_{max} = 2.92°$,俯仰速率 q 最大变化量约为 $q_{max} = 0.175(°)/s$,俯仰角 θ 最大变化量约为 $\theta_{max} = 0.17°$,舵面偏转变化量 δ_e 最大变化量约为 $\delta_{emax} = 0.055rad$,过载 n_z 最大变化量约为 $n_{zmax} = 0.6g$,并且它们都在 20s 内归零。实线与点画虚线完全重合,这说明所设计的控制系统具有良好的动态响应及鲁棒性能。

5.5 侧向飞控系统设计与仿真

5.5.1 飞机模型及内部连接结构

采用某飞机模型,其飞行状态为:飞行速度 $V_0 = 209.6241m/s$, $Ma = 0.7$, $H = 10000m$ 。侧向运动方程为

$$\begin{bmatrix} \dot{\beta} \\ \dot{p} \\ \dot{r} \\ \dot{\phi} \end{bmatrix} = \begin{bmatrix} -0.0709 & 0.0962 & 1 & 0.04653 \\ -3.4161 & -0.7046 & -0.1857 & 0 \\ -0.6529 & 0.02872 & -0.1467 & 0 \\ 0 & 1 & -0.09649 & 0 \end{bmatrix} \begin{bmatrix} \beta \\ p \\ r \\ \phi \end{bmatrix}$$

$$+\begin{bmatrix} 0 & -0.0706 & 1/V_0 \\ -0.9535 & -1.8169 & 0 \\ 0.07793 & -2.9332 & 0 \\ 0 & 0 & 0 \end{bmatrix}\begin{bmatrix} \delta_a \\ \delta_r \\ \text{dist} \end{bmatrix}$$

$$\begin{bmatrix} \beta \\ p \\ r \\ \phi \end{bmatrix} = \begin{bmatrix} 1 & 0 & 0 & 0 \\ 0 & 1 & 0 & 0 \\ 0 & 0 & 1 & 0 \\ 0 & 0 & 0 & 1 \end{bmatrix}\begin{bmatrix} \beta \\ p \\ r \\ \phi \end{bmatrix} + \begin{bmatrix} 0 & 0 & 0 \\ 0 & 0 & 0 \\ 0 & 0 & 0 \\ 0 & 0 & 0 \end{bmatrix}\begin{bmatrix} \delta_a \\ \delta_r \\ \text{dist} \end{bmatrix}$$

式中：$x = [\beta \quad p \quad r \quad \phi]^T$，$\beta$、$p$、$r$、$\phi$ 分别表示侧滑角、滚转角速率、偏航角速率以及滚转角的变化量；$u = [\delta_a \quad \delta_r \quad \text{dist}]^T$，$\delta_a$ 表示副翼变化量，δ_r 方向舵的变化量，dist 表示阵风的输入。

舵回路简化模型为

$$A\_M = \frac{10}{s + 10}$$

侧向模态飞行控制系统设计内部连接结构如图 5 - 38 所示。

5.5.2　加权函数的选取

W_{cmd}：该加权函数采用单位范数信号作为输入并且产生一个与飞行员命令一致的信号（大小和频率）。对于闭环系统，选择一个滚转角 ϕ 和偏航角 ψ 指令系统，加权函数为：

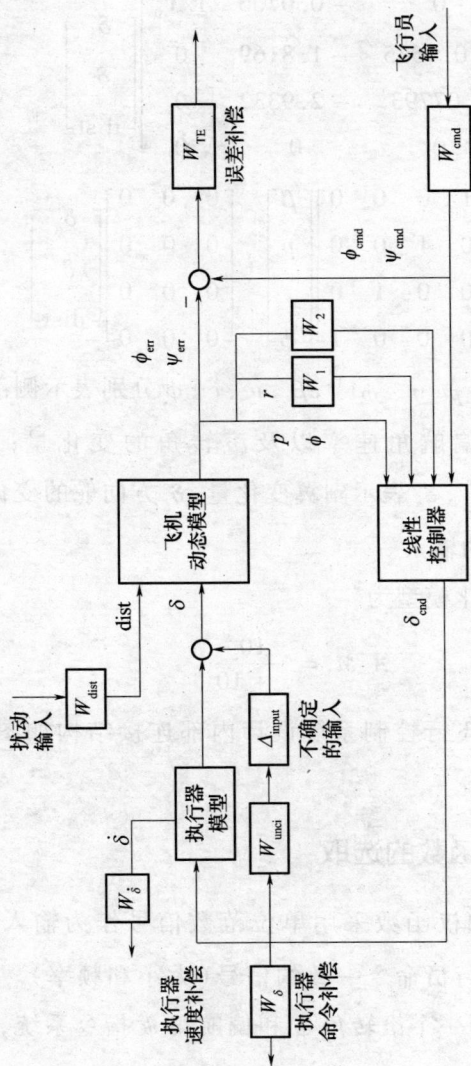

图 5-38 侧向模态飞行控制系统设计内部连接结构图

$$W_{cmd\_\phi} = 0.001 \frac{s + 100}{s + 0.1}$$

$$W_{cmd\_\psi} = 0.001 \frac{s + 100}{s + 0.1}$$

由于 W_{cmd} 的增益是 1,单位大小飞行员指令信号被转换成单位大小的 ϕ 和 ψ 指令。在 0.1rad/s 处的极点表明飞行员输入在高于 0.1rad/s 的频率上减弱了。在高于 100rad/s 的频率上,其静态增益为 0.001。

W_{TE}:该加权函数为输入指令与闭环系统输出之差所形成的误差加权。对于这种情况,这两个输出是 ϕ 和 ψ,所以 W_{TE} 是 2×2 的对角矩阵传递函数。所选择的加权为

$$W_{TE\_\phi} = 0.002 \frac{\dfrac{1}{0.000275}s + 2}{\left(\dfrac{1}{3.02}s\right)^2 + 2\left(\dfrac{1}{3.02}s\right) + 0.84}$$

$$W_{TE\_\psi} = 0.002 \frac{0.1s + 1}{(s^2 + 0.118s + 0.00609)}$$

式中:ϕ 误差的加权在 0.00001rad/s ~ 0.001rad/s 有一个 46.4 的幅值。幅值 46.4 意指在那个频率段,像 1/46.4 = 0.0216rad 那么大的误差是可以接受的。

ψ 误差的加权在 0.001rad/s ~ 0.1rad/s 有一个 9.83 的幅值。幅值 9.83 意指在那个频率段,像 1/9.83 = 0.1017rad 那么大的误差是可以接受的。

W_{dist}:该加权函数将单位范数信号变换成具有合适大

小和频率的扰动输入。例如:扰动是一个侧风,具有加权

$$W_{dist} = 0.71 \frac{1.9}{s + 1.9}$$

所期望的最大阵风在相当低的频率时是 0.71rad。

W_{unci}:该加权函数描述了在设计模型输入处的模型不确定性。例如,两个输入分别是副翼和方向舵,具有加权

$$W_{unci} = \begin{bmatrix} 0.2\dfrac{s + 20}{s + 100} & 0 \\ 0 & 0.1\dfrac{s + 10}{s + 100} \end{bmatrix}$$

该选择说明:副翼在低于 20rad/s 的频率,我们期望至多有 4/100 或 4% 的模型误差。对于高于 20rad/s 的频率,模型不确定性增加直至 100rad/s(极点处),它用来使加权函数可以实现。它也在高频处将期望的不确定等级设置为 0.2。升降舵在低于 10rad/s 的频率,期望至多有 1/100 或 1% 的模型误差。对于高于 10rad/s 的频率,模型不确定性增加直至 100rad/s(极点处),它用来使加权函数可以实现。它也在高频处将期望的不确定等级设置为 0.1。

W_{δ}:执行器偏转指令加权函数,使设计者能够惩罚较大的偏转。对于每一个执行器指令,所选择的加权都是常数 0.43:

$$W_{\delta} = diag(\frac{25}{57.3}, \frac{25}{57.3})$$

W_δ:执行器偏转速率加权函数,使设计者能够惩罚较大的偏转速率。选择加权为:

$$W_\delta = \text{diag}(\frac{80}{57.3},\frac{80}{57.3})$$

W_1,W_2:为适当的滤波器,且有

$$W_1 = \frac{10}{s + 10}$$

$$W_2 = \frac{s}{s + 0.25}$$

5.5.3　μ综合与μ分析

根据上述的飞机模型、加权函数以及内部连接结构图就可以构造一个如图 5 - 29 所示的内部结构 P。下面就可以使用 MATLAB 软件中的 μ 工具箱进行 $D - K$ 迭代来求解控制器 K。刚开始 $D - K$ 迭代时不收敛,原因在于 D_{21} 为非行满秩,所以引入新的干扰信号

$$\omega_{\alpha\text{ux}} = \varepsilon V v$$

来使得矩阵 $[D_{21},V]$ 成为行满秩矩阵,其中 εV 为干扰信号输入的权数。同理,只要 ε 选得充分小,新引入的干扰信号 $\omega_{\alpha\text{ux}}$ 对系统的影响便可忽略不计,如图 5 - 30 所示。其中增广后的一般反馈控制系统模型为

$$\begin{bmatrix} z \\ y \end{bmatrix} = \begin{bmatrix} A & B_1 & 0 & B_2 \\ C_1 & D_{11} & 0 & D_{12} \\ C_2 & D_{21} & \varepsilon V & 0 \end{bmatrix} \begin{bmatrix} v \\ d \\ u \end{bmatrix}$$

在本设计中，$\varepsilon V = \text{diag}(0.00005, 0.00005, 0.00005,$
$0.00005)$。需要二次 $\boldsymbol{D} - \boldsymbol{K}$ 迭代将 μ 降低到一个可以接受的水平。第一次迭代后，$\mu(\boldsymbol{M}) = 2.972 > 1$，不满足鲁棒稳定性及鲁棒性能的要求。图 5 – 39 给出了第一次迭代后 $\mu(\boldsymbol{M})$ 的上下界。

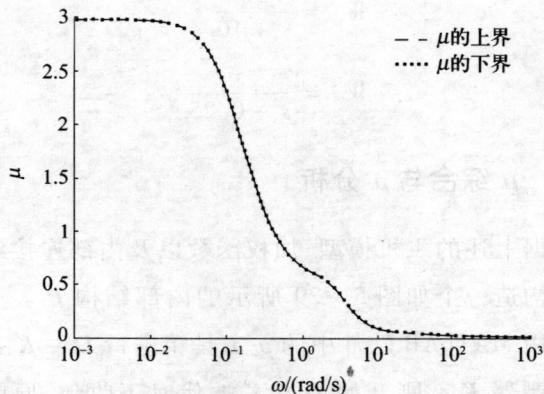

图 5 – 39　第一次迭代后 $\mu(\boldsymbol{M})$ 的上下界

第二次迭代后，得到 21 阶的控制器 $\boldsymbol{K}$。此时，$\mu(\boldsymbol{M}) = 0.485 < 1$，图 5 – 40 给出了第二次迭代后 $\mu(\boldsymbol{M})$ 的上下界。

从图 5 – 40 中可以看出 $\mu(\boldsymbol{M})$ 的上下界完全重合，且都小于 1，则此时系统的鲁棒稳定。

5.5.4　仿真分析

图 5 – 41 给出了具有 20% 的输入不确定性时在常值风的作用下该飞机的侧向模态飞行控制系统的仿真曲线

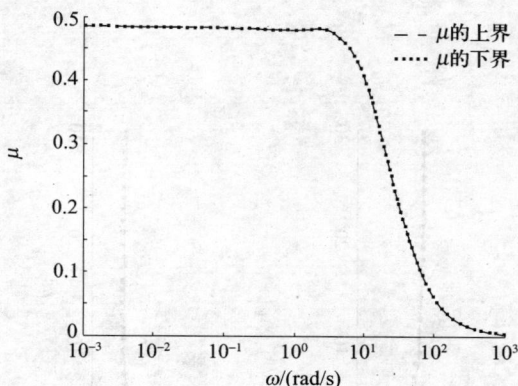

图 5 – 40   第二次迭代后 $\mu(M)$ 的上下界

图。其中:常值风的终值为 35m/s,并给出了侧滑角变化量 β、滚转角速率变化量 p、偏航角速率变化量 r、滚转角变化量 ϕ、偏航角变化量 ψ、舵面偏转 δ_r 和过载 n_y 的仿真曲线。其中实线是具有输入不确定性时所得到的曲线,点划虚线是无不确定时所得到的曲线。

从图 5 – 41 中可以看出,侧滑角 β 的最大变化量 $\beta_{max} = 6.5°$,滚转角速率 p 的最大变化量 $p_{max} = 0.51(°)/s$,偏航角速率 r 的最大变化量 $r_{max} = 2.1(°)/s$,滚转角 ϕ 的最大变化量 $\phi_{max} = 0.7°$,偏航角 ψ 的最大变化量 $\psi_{max} = 2.0°$,舵面偏转 δ_z 的最大变化量 $\delta_{rmax} = 0.038rad$,过载 n_y 的最大变化量 $n_{ymax} = 0.13g$,,并且基本都在 30s 内归零。实线与点画虚线基本重合,这说明所设计的控制系统具有良好的动态响应及鲁棒性能。

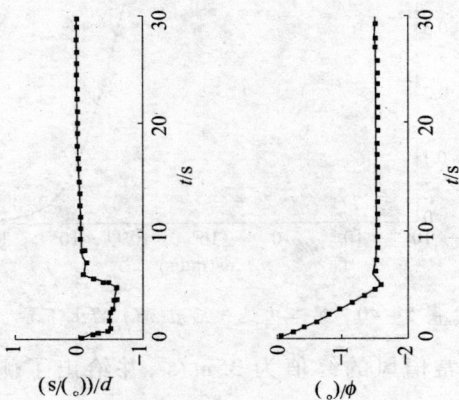

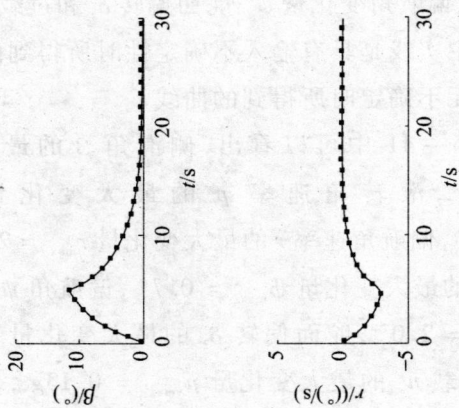

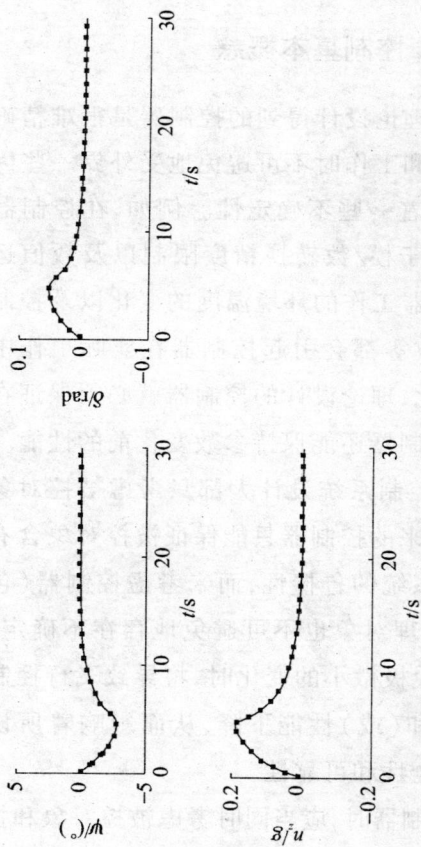

图5-41　具有20%的输入不确定性时侧向模态μ综合设计的仿真曲线
—— 20%摄动;　……… 标称。

5.6 | 非脆弱 μ 综合鲁棒飞控系统的设计与仿真

5.6.1 非脆弱鲁棒控制基本概念

在工程实际中,理论设计得到的控制器是很难精确实现的,控制器在实现和工作时不可避免地受外界一些因素的影响和干扰,存在着一些不确定性。例如,在控制器用数字方式实现时,由于模/数转换精度限制以及数值运算中的截断误差,控制器工作的环境温度的变化以及控制器元器件的老化及失效等都会引起控制器在实际工作中存在参数的变化。因此,理论设计的控制器就必须保证在其存在参数变化时,控制器还能保持参数变化前的性能。

常规鲁棒飞行控制系统设计大都只考虑被控对象的不确定性,所设计出来的控制器只能保证被控对象含有不确定性时飞行控制系统的鲁棒性,而未考虑控制器(包括执行器)作为实际物理对象也不可避免地存在不确定性,当控制器的系数发生极微小的变化时,将导致飞行控制系统的稳定性被破坏和(或)性能下降,从而影响着所设计的飞行控制系统安全性和可靠性。

因此,在设计控制器时,应当同时考虑被控对象和控制器的不确定性和摄动。由此引出非脆弱鲁棒控制的基本概念:在非脆弱鲁棒控制设计时认为:如果系统(包括被控对象和控制器)在存在不确定性时仍能保持其应有的性能,称为非脆弱鲁棒性;在系统具有不确定性时还能保持稳定性则称为非脆弱鲁棒稳定性;如果除了非脆弱鲁棒稳定,还能保持一定的性能指标,则称为具有非脆弱鲁棒性能。

5.6.2　非脆弱 μ 综合设计方法

一种典型的非脆弱 μ 综合控制设计框图如图 5 – 42 所示。

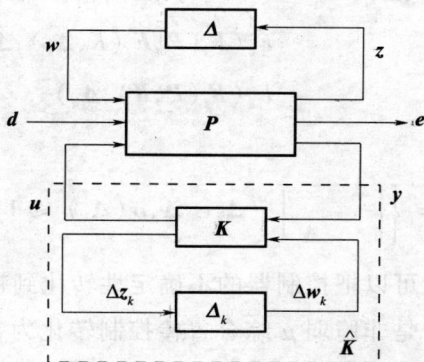

图 5 – 42　非脆弱 μ 综合控制设计框图

图中:P 、Δ 、y 、u 、z 、w 、d 、e 与图 5 – 6 中表示相同;K 为名义反馈控制器;Δ_k 表示控制器的不确定性;Δz_k 、Δw_k 表示控制器摄动的输入和输出。

在图 5 – 42 中,由上线性分式变换得

$$\begin{bmatrix} e \\ y \end{bmatrix} = F_u(P, \Delta) \begin{bmatrix} d \\ u \end{bmatrix}$$

非脆弱控制器可表示为

$$\hat{K} = F_l(K, \Delta_k) \qquad (5-41)$$

其中 Δ_k 表示控制器的摄动矩阵,且假定

$$\Delta_k^{\mathrm{T}}(s) \Delta_k(s) \leqslant I$$

由下线性分式变换得

$$u = \hat{K}y = F_l(K, \Delta_k)y \qquad (5-42)$$

则由以上各式得到闭环回路

$$F_l(F_u(P, \Delta), \hat{K}) = F_l(F_u(P, \Delta), F_l(K, \Delta_k)) =$$
$$F_u(F_l(P, F_l(K, \Delta_k)), \Delta) =$$
$$F_u(F_l(P, K), \Delta_u) \qquad (5-43)$$

其中

$$\Delta_u = \left\{ \begin{bmatrix} \Delta & \\ & \Delta_k \end{bmatrix}, (\Delta \in \bar{\Delta}, \bar{\sigma}(\Delta_k) \leqslant 1) \right\}$$

这样,就可以把控制器的不确定性转化到被控对象的不确定性,于是非脆弱 μ 综合鲁棒控制转化为常规的 μ 综合鲁棒控制。同样,可以把非脆弱 μ 综合鲁棒飞行控制系统设计转化为常规的 μ 综合鲁棒飞行控制系统进行设计。

5.6.3 飞控系统设计与仿真

下面采用非脆弱 μ 综合控制方法设计某飞机纵向平飞模态的飞行控制系统并进行仿真。

飞机模型同 5.4 节中的飞机模型。

非脆弱 μ 综合纵向平飞模态飞行控制系统设计内部连接结构如图 5-43 所示。

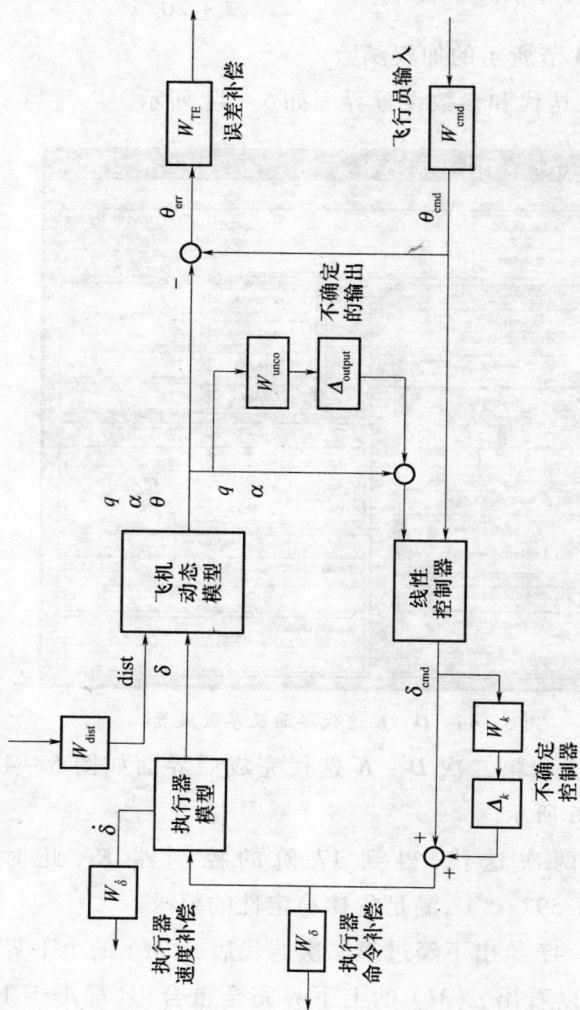

图 5-43 非脆弱 μ 综合纵向平飞模态飞行控制系统设计内部连接结构图

新引入的加权函数 $W_k = 0.001 \times \dfrac{s+2}{s+20}$ ，其他的加权

函数同 5.4 节所示的加权函数。

$D - K$ 迭代和参数设置界面如 5 - 44 所示。

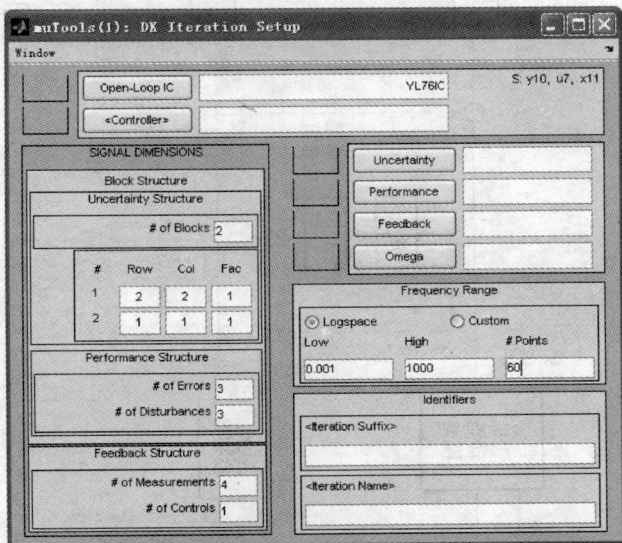

图 5 - 44　$D - K$ 迭代界面及参数设置

第一次和第二次 $D - K$ 迭代完成后界面如图 5 - 45 和图 5 - 46 所示。

经过两次迭代，得到 17 阶的控制器 K ，此时，$\mu(M) = 0.597 < 1$ ，满足鲁棒稳定性的要求。

图 5 - 47 给出了经过第二次迭代后 $\mu(M)$ 的上下界，从图中可以看出 $\mu(M)$ 的上下界完全重合，且都小于 1，则此时系统鲁棒稳定。

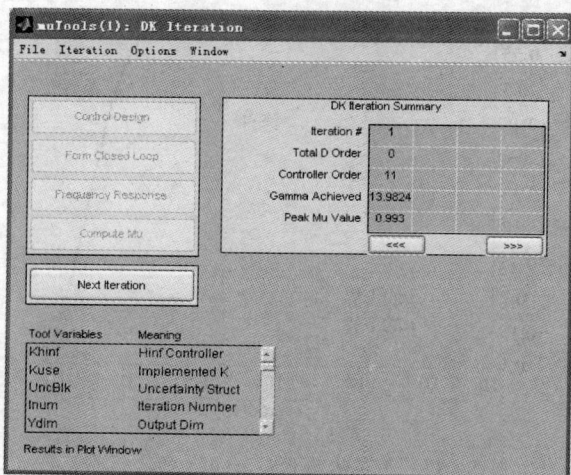

图 5 - 45　第一次 **D - K** 迭代完成后的界面图

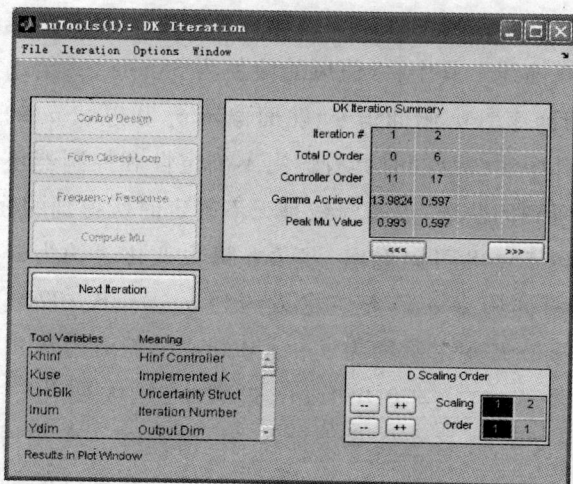

图 5 - 46　第二次 **D - K** 迭代完成后的界面图

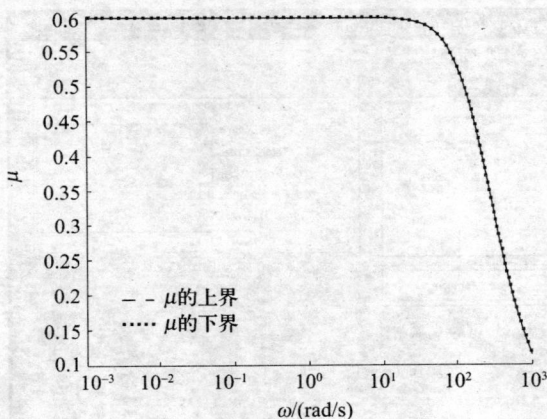

图 5－47　第二次迭代后 $\mu(\boldsymbol{M})$ 的上下界

图 5－48 给出了具有 20% 的输出不确定性和控制器不确定性时在常值风的作用下该飞机纵向平飞模态 μ 综合设计的仿真曲线。其中：常值风的终值为 35m/s，并给出了迎角 α、俯仰速率 q、俯仰角 θ、舵面偏转 δ_e 和过载 n_z 的仿真曲线。其中实线是同时具有输出不确定性和控制器不确定性时所得到的曲线，点画虚线是无不确定时所得到的曲线。

从图 5－48 可以看出，迎角 α 最大变化量约为 $\alpha_{max} = 2.85°$，俯仰速率 q 最大变化量约为 $q_{max} = 0.102(°)/s$，俯仰角 θ 最大变化量约为 $\theta_{max} = 0.064°$，舵面偏转 δ_e 最大变化量约为 $\delta_{zmax} = 0.054rad$，过载 n_z 最大变化量约为 $n_{zmax} = 0.6g$，并且它们基本都在 20s 内归零。实线与点画虚线完全重合，这说明所设计的控制器具有良好的动态性能和非脆弱鲁棒性能。

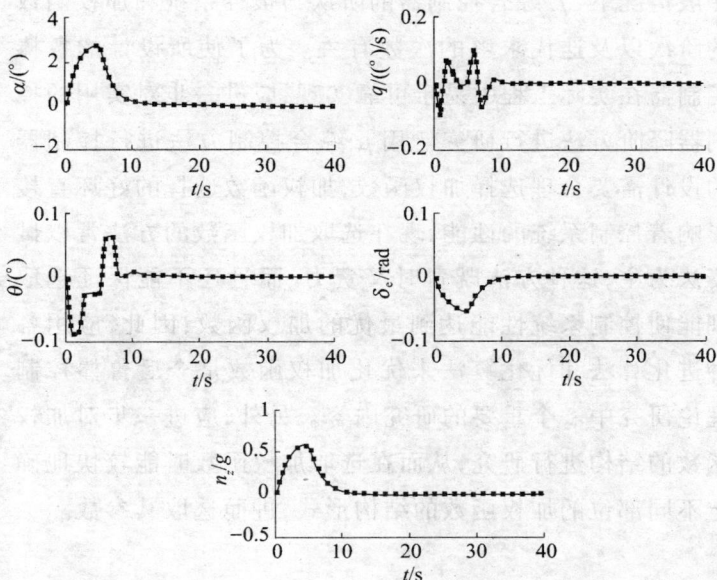

图 5-48　具有 20% 的输出不确定性和控制器不确定时仿真曲线
——— 20% 摄动；┄┄┄┄ 标称。

小结

本章首先介绍了 μ 综合的概念，并介绍了 μ 分析和 μ 综合方法的一般步骤。然后使用 μ 综合方法进行了纵向和侧向飞行控制系统的设计与仿真。接着介绍了一种非脆弱 μ 综合控制方法，并进行了基于非脆弱 μ 综合控制方法的纵向飞行控制系统的设计与仿真。

μ 综合控制方法设计出的鲁棒控制器的阶次较高。

一般情况下，μ 综合控制器的阶次与被控系统和加权函数的阶次以及迭代求解的次数有关。为了使所设计的鲁棒控制器在实际工程中易于可靠实现，应进一步对实用的控制器降阶方法进行研究。用 μ 综合控制方法进行控制器的设计需要合理选择加权函数，加权函数选择的好坏直接影响着控制系统的性能，现在选取加权函数的方法常以试凑法为主，这种方法既费时又费力，而且还不能保证选取到能使控制系统性能达到最优的加权函数，因此，应用各种进化算法和优化算法来优化加权函数是今后鲁棒控制理论研究中一个重要的研究内容。另外，应进一步对加权函数的结构进行研究，从而在选取加权函数时能较快地确定不同部位的加权函数的结构形式，进而选取其参数。

参 考 文 献

［1］ 薛安克.鲁棒最优控制理论与应用.北京:科学出版社,2008.

［2］ 吴敏,桂卫华,何勇.现代鲁棒控制.长沙:中南大学出版社,2006.

［3］ Kharitonov V L. Asymptotic stability of an equilibrium position of a
family of systems of linear differential equations. Differential,
Uraven,1978,14: 2086 – 2088.

［4］ Zames G. Feedback and Optimal Sensitivity:Model Reference,Trans-
formation, Multiplicative Seminorms,and Aroximate Inverses. IEEE
Transaction on Automatic Control, 1981, 26:301 – 320.

［5］ Doyle J C. Analysis of feedback systems with structured uncertain-
ties. IEEE Proceedings Part D. ,1982, 129: 242 – 251.

［6］ 张显库,贾欣乐,王兴成,等. H_∞ 鲁棒控制理论发展的十年回顾.
控制与决策,1999,14(4):289 – 296.

［7］ 汤伟,施颂椒,王孟效,等.鲁棒控制理论中 3 种主要方法综述
(一).西北轻工业学院学报,2000,18(4):54 – 59.

［8］ 汤伟,施颂椒,王孟效,等.鲁棒控制理论中 3 种主要方法综述
(二).西北轻工业学院学报,2001,19(1):49 – 59.

［9］ Dym H. Book review of the commutant lifting approach to interpola-
tion problems by C Fo ias and AE Frazho. The Bulletin of the AMS,
1994,31: 125 – 140.

［10］ Doyle J C, Glover K, Khargonekar P P. State – space solutions to
standard H_2 and H_∞ control problem. IEEE Proceedings American

Control Conference, Atlanta, 1988: 817 – 823.

[11] Doyle J C, J E Wall, G Stein. Performance and robustness analysis for structured uncertainty. Proceedings IEEE CDC. Orlando, 1982: 671 – 676.

[12] Balas G, Doyle J C, Glover K, et al . μ – analysis and synthesis toolbox. US: Musyn Inc and the Mathworks Inc, 1991.

[13] McFarlane D C. Glover K. A loop shaping design procedure using H_{∞} synthesis . IEEE Transaction on Automatic Control, 1992, 37 (6) : 759 – 769.

[14] Whittle P. Risk – sensitive optimal control. New York: J Wiley, 1990.

[15] Basar T, P Bernhard. H_{∞} – optimal control and related mini – max design problems: A dynamic game approach. Boston: Birkhauser, 1991.

[16] Green M. H_{∞} controller synthesis by J – lossless coprime factorization. SIAMJ Control and Optimization, 1992, 30(3) : 522 – 547.

[17] Dym H, Gohberg I. A maximum entropy principle for contractive interpolants. Journal of Functional Analysis, 1986, 65 (1) : 83 – 125.

[18] Shyh – Pyng Shue, Agrawal R K. AIAA – 2005 – 6408 Design of Automatic Landing Control System for a Mini – UAV.

[19] 代冀阳,毛剑琴. 基于 LMI 的飞行控制系统 H_2 / H_{∞} 状态反馈综合. 南昌航空工业学院学报, 2000, 14(2):29 – 32.

[20] 张羽飞,冯汝鹏,王茂 . H_2/H_{∞} 混合优化问题综述. 信息与控制, 2002, 31(5):430 – 436.

[21] Bernstein D S, Haddad W M. LQG Control with an H_{∞} Performance

Bound：A Riccati Equation Approach. IEEE Transaction On Automatic Control,1989,34（3）：293 – 305.

[22] 马清亮,胡昌华.基于扩展 LMI 的鲁棒 H_2 和 H_∞ 滤波.系统工程与电子技术,2008,30(1):128 – 131.

[23] 王进华.混合 H_2/H_∞ 鲁棒控制器设计.控制理论与应用,2004,21(1):45 – 53.

[24] BERNSTEIN D S,HADDAD W M. LQG control with an H_∞ performance bound : a Riccati equation approach . IEEE Transaction on Automatic Control,1989 ,34(3) :293 – 305.

[25] Yeh His – Han,Banda S S. Necessary and Sufficient Conditions for M ixed H_2 and H_∞ Optimal Control. IEEE Transaction on Automatic Control,1992,37（3）：355 – 358.

[26] Mustafa D,Glover K. Minimum Entropy H_∞ Control. Springer Verlag:Lecture Notes in Control and Information Science. 1990.

[27] Doyle J C,Zhou K,Bodenheimer B. Optimal Control with Mixed H_2 and H_∞ Perfo rmance Objectives. Proceedings American Control Conference,Pittsburgh,PA ,1989：2065 – 2070.

[28] Khargonekar P P,Rotea M A. Mixed H_2/H_∞ Control：A Convex Optimization Approach. IEEE Transaction on Automatic Control,1991,36（7）：824 – 937.

[29] Halikias G D,Jaimouka IM,Wilson D A. A Numerical Solution to the Matrix H_2/H_∞ Optimal Control Problem. International Journal of Robut and Nonlinear Control. 1994.

[30] Yen S D. Mixed/Optimization：A BMI Solution：PhD. Thesis. Margland:University of Maryland,1996.

[31] Yen S D, William S L. Mixed H_2/H_∞ Optimization: A BMI Solution. Proceedings of the 36th conference On Decision and Control, San Diego, California, USA , December 1997: 460 – 466.

[32] Dahleh M A, Ridgely D B, Valavani L S, et al. Solution to the General Mixed H_2/H_∞ Control Problem, Necessary Condition for Optimality. Proceedings American Control Conference, Chicago, 1992: 1348 – 1352.

[33] Ridgely D B. A Nonconservative Solution to the General Mixed H_2 and H_∞ Optimization Problem: PhD. Thesis, Massachusetts: Massachusetts Institute of Technology, 1991.

[34] 郭雷,冯纯伯. 基于 LMI 方法的鲁棒 H_∞ 性能问题. 控制与决策,1999,14(1):61 – 64.

[35] 郭雷,忻欣,冯纯伯. 基于 LMI 的一种统一的降阶控制器设计方法. 中国科学,1997,27(4):353 – 361.

[36] 穆向阳,吴旭光,王晓利. 基于 LMI 的鲁棒控制器设计. 西安石油学院学报(自然科学版),2002,17(6):63 – 67.

[37] 王燕山,李运华,王益群. 基于 LMI 的电液伺服加载系统多目标鲁棒控制. 北京航空航天大学学报,2007,33(8):911 – 914.

[38] 李炜,李亚洁,刘微容. 基于 LMI 方法的网络化控制系统的鲁棒容错控制. 空军工程大学学报(自然科学版),2007,8(4): 27 – 31.

[39] 郭访杜,于云峰,龚宇迪. 基于 LMI 的高超鲁棒控制及仿真. 计算机仿真,2009,26(2):65 – 67,88.

[40] 王娟,刘志远,陈虹,等. 基于 LMI 的主动悬架的滚动时域 H_∞ 输出反馈控制. 汽车工程,2009,31(1):37 – 41.

[41] 李文强,马建军,郑志强. 基于 LMI 的不确定性无尾飞行器鲁棒变增益控制器设计. 国防科技大学学报,2009,31(1): 120 - 123.

[42] Halder B,Kailashi T. LMI Based Design of Mixed H_2/H_∞ Controllers: The State Feedback Case. Proceedings American Control Conference,San Diego,California,June,1999: 1866 - 1871.

[43] Yuan Lisong,Jiang Weisun. Use of the Extended Genetic Algorithm to Solve the Modified General Mixed H_2/H_∞ Control Problem. Proceedings of the American Control Conference. Battimore,Maryland, June 1994: 2777 - 2781.

[44] Chen Bor - Sen,Cheng Yu - Min,Ching - Hsiang Lee. A Genetic Approach to Mixed H_2/H_∞ Optimal PID Control. IEEE Control System Magazine,1995,15(5): 51 - 59.

[45] Bianco G L,Piazzi C. A Mixed H_2/H_∞ Fixed - Structure Control via Semi - Infinite Optimization. Proceedings of the 7th IFAC International Symposium on CACSD,Gent,Belgium,1997: 329 - 334.

[46] Kim Yoon Sik,Han Woong - Gie,Kuc Tae - Yong,An Intelligent Missile Autopilot Using Genetic Algorithm. 1997 IEEE International Conference on Cysernatics and Simulation,1954 - 1959.

[47] Takahashi R H C,Peres P L D,Ferreira P A V. Multi - objective H_2/H_∞ Guaranteed Cost PID Design. IEEE Control System Magazine, 1997(Oct): 37 - 47.

[48] Schroder P,Green B,Grum N,et al. Online Genetic Auto Tuning of Mixed H_2/H_∞ Optimal Magnetic Bearing Controllers. U KACC International Conference on Control ' 98 September, 1998:

1123 – 1128.

[49] 代冀阳,毛剑琴.基于遗传算法的鲁棒 H_2 控制系统设计.系统工程与电子技术,2001,23(10):31 – 38.

[50] Lee R L, Rao V, Kern F. Mixed H_2 and H_∞ Optimal Control of Smart Structures. Proceedings of the 33th conference on decision and control, Lake Buena Vista, FL , December 1994: 115 – 120.

[51] Mracek C P, Ridgely D B. Normal Acceleration Command Following of the F – 16 Using Optimal Control Methodologies: A Comparison. 1992 First IEEE Conference on Control Application, 1992: 602 – 607.

[52] Lee Kap Rci, Do Chang Oh, Kyeong Ho Bang, et al. Mixed H_2/H_∞ Control for Underwater Vehicle with Time Delay and Parameter Uncertainty. Proceedings of the American Control Conference, Albuquerque, New Mexico, June 1997: 3225 – 3229.

[53] Kap Rai Lee, Do Chang Oh, Kyeong Ho Bang, et al. Mixed H_2/H_∞ Control with Regional Pole Placement for Underwater Vehicle Systems. Proceedings of the American Control Conference, Chicago, Illinois, June, 2000: 80 – 84.

[54] Wu Feng, Goh Keat – Choon, Walsh S. Robust H_2 Performance Analysis for A H igh – Purity Distillation Column. Computers Chemistry Energy, 1997, 21: 8161 – 8166.

[55] 王进华,史忠科,曹力.等.混合 H_2/H_∞ 鲁棒控制在飞行控制中的应用.飞行力学,2000,18(4):61 – 64.

[56] 唐治理,雷虎民,混合 H_2/H_∞ 鲁棒控制在飞行器控制中的应用.弹箭与制导学报,2005,25(4):11 – 12,23.

[57] 董新民.某型飞机俯仰角运动的 H_∞ 鲁棒控制器.电光与控制,1999,3:38－43.

[58] 王会,李绍燕,陈宗基.基于 μ 综合方法的运输机纵向自动着陆控制律.北京航空航天大学学报,2003,29(12):1059－1063.

[59] Georgiou T T. On the computation of the gap metri . System Control Letters,1988,11: 253－257.

[60] Doyle J C,Analysis of feedback systems with structured uncertainties. IEEE Proceedings Part D. 1982,129: 242－251.

[61] Doyle J C,Structured uncertainty in control system design. Proceedings of 24th Conference on Decision and Control,Ft. Landerdale,1985.

[62] Lin J L,Postlethwaite I,Gu D W. μ－K－iteration：A new Algorithm for μ－synthesis. IEEE Automatica,1993,29(1):219－224.

[63] Lombaerts,M J A,Voorsluijs G M. AIAA－98－0501 Design of a robust Flight Cms using mixed H_2/H_∞ Control.

[64] Fan Yigang,Cliff E M. AIAA－95－3237－CP Mixed H_2/H_∞ Optimal Control for an Elastic Aircraft.

[65] Black K M,Combined H_2/H_∞ Optimal Control Design Applied to an Advanced Fighter Aircraft. AIAA－92－0045.

[66] Gregory D S,Anthony J C. AIAA－94－3660－cp A Differential Game Approach to the Mixed H_2/H_∞ problem.

[67] Shue Shyh－Pyng,Agarwal R K,Kuo Yao－Huang,AIAA－98－0501 Design of Automatic landing systems using Mixed H_2/H_∞ control.

[68] Kannan N,Bhat M S. AIAA－20056406 An H_∞ Based Lateral Sta-

bility Augmentation System for an Unmanned Air Vehicle.

[69] Luke J P, Ridgely D B, Walker D E. AIAA - 94 - 3659 - cp Flight Controller Design using Mixed H_2/H_∞ Optimization with a Singular H_∞ Constraint.

[70] Ullauri J C, Walker D E, Ridgely D B. AIAA - 94 - 3658 - cp Reduced Order Mixed H_2/H_∞ Optimization with Multiple H_∞ Constraints.

[71] 胡智奇,王印松. H_∞ 控制方法及研究现状.电力情报,2000, 3:5 - 7.

[72] 邓燕妮,胡荣强,桂卫华. H_∞ 控制的工程应用及特点研究.武汉汽车工业大学学报,1997,19(6):34 - 38.

[73] 曹栋璞,王益群,陈星.鲁棒 H_∞ 控制理论在控制工程中的应用. 液压与动力,2002,8:5 - 7.

[74] 李西秦,刘冰,宋德玉. H_∞ 鲁棒控制理论应用于 CNG 发动机怠速测控.汽车工程,2009,31(1):56 - 59.

[75] 项华珍,代冀阳. H_∞ 控制及其应用.南昌航空工业学院学报, 1996,1:55 - 65.

[76] 赵志魁,王立琦,韩崇昭,等. H_∞ 控制理论在鲁棒控制中的应用,焦作工学院学报,1997,16(3):3 - 10.

[77] Enns D F. Structured singular value synthesis design example: Rocket stabilization. ACC'90,San Diego,1990:2514 - 2520.

[78] 邓燕妮,胡荣强,范林,等. H_∞ 控制理论研究与展望.武汉汽车工业大学学报,1997,19(5):43 - 47.

[79] 吴东旭,解学书. H_∞ 鲁棒控制中的加权阵的选择.清华大学学报,1997,37(1):27 - 30.

[80] Doyle J C, Lenz K, A Packard Design examples using μ – synthesis: Spaces shuttle lateral axis FCS during reentry. Proceedings IEEE CDC'86. Athens, 1986: 2218 – 2223.

[81] Safonov M G, Chiang R Y, Lashner H F. H_∞ robust control synthesis for a large space structure. Proceedings ACC'88. Atlanta, 1988: 417 – 419.

[82] Limebeer D J N, Kasenallg E. H_∞ optimal control of a synchronous turbo generator. P roceedings IEEE CDC, Athens, 1986: 62 – 65.

[83] 石艳妮, 贾颖. 鲁棒控制理论的研究与发展. 重庆工业高等专科学校学报, 2004, 19(6): 13 – 16.

[84] Guesalaga A R, Kropholler H W. Improved temperature and humidity control H_∞ synthesis. IEEE Proceedings Part D, 1990, 137(3): 374 – 380.

[85] LozouiskI A, Zw ierzeww icz Z. On adaptation of H_∞ control to the ship trajactory tracking problem. Proceedings IFAC Workshop CAM S'95, Trondheim, 1995: 131 – 137.

[86] Messer A C, GrimbleM J. Robust track keeping control. Proceedings IFAC Work shop CAM S'92, Genova, 1992: 371 – 380.

[87] Zhang X K, Jia X L, Wang X C. Robust track – keeping autopilot for shops. IFAC Work shop on CAM S'95, Trondheim, 1995: 138 – 142.

[88] 贾欣乐, 张显库. H_∞ 控制器应用于船舶自动舵. 控制与决策, 1995, 10 (3): 250 – 254.

[89] Chiang R Y, Safonov M G, et al. A Fixed H_∞ controler for a Supermaneuverable Fighter Performing the Herbst Maneuver. Automatica,

1993,29（1）：111 – 129.

[90] Garg Saniay. Robust Integrated Flight/propulsion control Design for a STOVL Aircraft Using H – infinity control Design Techniques. Automatic,1993,（1）：129 – 145.

[91] Hyde R A,Glover K. The Application of scheduled H_∞ Controllers to a VSTOL Aircraft. IEEE Transaction Automatic Control,1993,38（7）：1021 – 1039.

[92] Safonov M G,Chiang R Y. CACSD using the state space H_∞ theory – a design example. IEEE Transaction Automatic control,1988,Ac – 33：477 – 479.

[93] Young Jieh – shian,Lin Chin E. Refined H_∞ optimal Approach to Rotorcraft Flight Control,Journal of Guidance,control. and Dynamics,1993,16（2）:247 – 255.

[94] Zarei Jafar,Montazeri Allahyar,Motlagh Mohmmad Reza Jahed. Design and comparison of LQG/LTR and H_∞ controllers for a VSTOL flight control system. Journal of the Franklin Institute,2006：1 – 18.

[95] Postlethwaite Ian,Prempain Emmanuel,Turkoglu Ercument. Design and flight testing of various H_∞ controllers for the Bell 205 helicopter. Control Engineering Practice,2005,13（3）：383 – 398.

[96] Luo Chi – Chung,Liu Ru – Feng,Yang Ciann – Dong. Helicopter H_∞ control design with robust flying quality. Aerospace Science and Technology,2003,7（2）:159 – 169.

[97] 唐尧文,陆宇平.基于 LMI 的超低空空投纵向 H_∞ 姿态控制与航迹跟踪研究．第三届中国导航、制导与控制学术会议,北

参考文献
References

京,2009.

[98] Zeng Qinghua,Liu Ruihan. AIAA $-2003-6825$ μ $-$ synthesis approach on MAV flight controller design.

[99] Looye G,Makdoembaks C,A Mulder. AIAA $-2002-4854$ Design of robust autoland control laws using μ $-$ synthesis.

[100] Giulio A,De Fresta Guido. AIAA $-2002-4703$ Robust multivariable control of a shrouded $-$ fan uninhabited aerial vehicle.

[101] 袁锁中,杨一栋. 基于 μ 综合的鲁棒飞行控制系统设计. 飞行力学,2003,21(1):36 -38.

[102] Application of Multivariable Control Theory to Aircraft Control Laws. Honeywell Inc Minneapolis,1996:1 -286.

[103] Lind Rick,Burken J J. AIAA $-2000-4445$ μ $-$ Synthesis of an F/A -18 controller.

[104] bennani S,Looye G H N, AIAA $-98-37033$ Design of Flight Control Laws for a Civil Aircraft using μ $-$ synthesis.

[105] Kureemun Ridwan. Bates D G. AIAA $-2001-4281$ Aircraft Flight Controls Design using Constrained output feedback : A H_∞ Loopshaping Approach.

[106] Shue Shyh $-$ Pyng,Agrawal R K. AIAA $-98-0501$ Design of Automatic Landing Systems using mixed H_2/H_∞ Control.

[107] Fan Yigang,Cliff E M. AIAA $-95-3237-CP$ Mixed H_2/H_∞ Optimal Control for an Elastic Aircraft.

[108] Black K M. AIAA $-92-0045$ Combined H_2/H_∞ Optimal Control Design Applied to an Advanced Fighter Aircraft.

[109] Gregory D S, Anthony J C. AIAA $-94-3660-CP$ A Differential

Game Approach to the Mixed H_2/H_∞ problem.

[110] Shue Shyh − Pyng, Agarwal R K, Kuo Yao − Huang. AIAA − 98 − 0501 Design of Automatic landing systems using Mixed H_2/H_∞ control.

[111] Kannan N, Bhat M S. AIAA − 20056406 An H_∞ Based Lateral Stability Augmentation System for an Unmanned Air Vehicle.

[112] Luke J P, Ridgely D B. Walker D E. AIAA − 94 − 3659 − cp Flight Controller Design using Mixed H_2/H_∞ Optimization with a Singular H_∞ Constraint.

[113] Lohar F A. AIAA 2000 − 0895 H_∞ and μ Synthesis for Full Control of Helicopter in Hover.

[114] Doyle J C, Chu C C. Matrix Interpolation and H_∞ − performance Bounds. American Control Conference, Boston, Mass, 1985: 129 − 134.

[115] Doyle J C, Lenz K, Packard A. Design Examples using μ Synthesis: Space Shuttle Lateral Axis FCS During Reentry. Proceedings of 25th IEEE Conference on Decision and Control, Athena, 1986: 2218 − 2223.

[116] Doyle J C, Gunter Stein. Multivariable Feedback Design: Concepts for a Classical/Modern Synthesis. IEEE Transaction AC, 1981, 26 (1): 4 − 16.

[117] Guang Q X, Bainum P M. AIAA − 96 − 3591 − cp H_∞ Robust Controller Design and Comprasion with LQG PID Controllers for an Expendable Launch Vehicle.

[118] Gahinet P, Apkarian P A. Linear matrix inequality approach to

H_∞ control. International Journal of Robust Nonlinear Control, 1994, (4):421 – 448.

[119] Ullauri J C, Walker D E, Ridgely D B. AIAA – 94 – 3658 – cp Reduced Order Mixed H_2/H_∞ Optimization with Multiple H_∞ Constraints.

[120] Gadewadikar J, Lewis F L, Subbarao K. AIAA – 2006 – 6238 H_∞ Static Output – Feedback Control for Rot – orcra.

[121] Lombaerts M, J A, Voorsluijs G M. AIAA – 2005 – 6408 Design of a robust Flight Control System for a Mini – UAV.

[122] Sato T H. AIAA – 2003 – 5549 Robust flight controller design taking account of flying quality.

[123] Sideris T K Y, Mease A, Nathan K D. AIAA – 99 – 4204 Robust lateral – directional control design for the F/A – 18.

[124] 周克敏, Doyle J C, Glover K. 鲁棒与最优控制. 北京:国防工业出版社,2002.

[125] 俞立. 鲁棒控制——线性矩阵不等式处理方法. 北京:清华大学出版社,2002.

[126] 王德进. H_2 和 H_∞ 优化控制理论. 哈尔滨:哈尔滨工业大学出版社,2001.

[127] 申铁龙. H_∞ 控制理论及应用. 北京:清华大学出版社,1996.

[128] 史忠科, 吴方向, 等. 鲁棒控制理论. 北京:国防工业出版社,2003.

[129] 吉明,姚绪梁. 鲁棒控制系统. 哈尔滨:哈尔滨工程大学出版社,2002.

[130] 梅生伟,申铁龙,刘康志. 现代鲁棒控制理论与应用. 北京:清

華大学出版社,2003.

[131] 郑建华.鲁棒控制理论在倾斜转弯导弹中的应用.北京:国防工业出版社,2001.

[132] 黄曼磊.鲁棒控制理论及应用.哈尔滨:哈尔滨工业大学出版社,2007.

[133] 李建,章卫国,李广文.一类非脆弱 μ 综合鲁棒飞行控制设计与仿真研究.系统仿真学报,2006,18(11):3176-3179.

[134] 王伟,李建,李爱军,等.基于 μ 综合方法的飞机纵向鲁棒飞行控制系统的设计.西北工业大学学报,2004,24(4):138-141.

[135] 李建.鲁棒控制方法在飞行控制系统设计中的应用.西安:西北工业大学,2007.

[136] 章萌.基于鲁棒控制方法的飞行控制系统设计与仿真.西安:西北工业大学,2008.

内 容 简 介

本书系统地介绍了三种鲁棒控制设计方法：H_∞ 控制方法、H_2/H_∞ 混合控制方法与 μ 综合控制方法。在此基础上，通过飞行控制系统的设计实例及仿真，详细说明了三种鲁棒飞行控制系统的设计过程。全书内容共分 5 章。第 1 章，鲁棒控制理论概述；第 2 章，鲁棒控制基础；第 3 章，H_∞ 飞行控制系统设计；第 4 章，H_2/H_∞ 飞行控制系统设计；第 5 章，μ 综合飞行控制系统设计。

本书是作者多年来在研究生教学和科研工作的基础上不断积累总结而成，不仅注重鲁棒控制理论的介绍和总结，同时更注重鲁棒控制方法在飞行控制系统设计中的应用，将先进控制理论与工程实际问题紧密结合在一起。本书可供航空、航天领域中从事控制理论研究与应用、飞行控制系统设计与研究的科研人员、工程技术人员使用，也可作为高等院校博士研究生、硕士研究生和高年级本科生的教学参考书。

Three kinds of design method of robust control, H_∞, H_2/H_∞ and μ synthesis are presented systematically in this book. Design process of three kinds of robust flight control systems are described detailedly by some design examples and simulations of flight control system. The book includes 5 chapters. Chapter 1, Overview of Robust Control Theory. Chapter 2, Foundamentals of Robust Control. Chapter 3, Design of H_∞ Flight Control System. Chapter 4, Design of H_2/H_∞ Flight Control System. Chapter 5, Design of μ Synthesis Flight Control System.

The book presents authors' achievements of teaching and research over recent years. It focus on not only introduction and generalization of robust control theory, but also much more application of robust control method in flight control system design. Advanced control theory and engineering practical problems are combined tightly in the book. It will be helpful to engineers who are engaging control theory and flight control system design research and its application, the undergraduate and graduate students at colleges and universities as a teaching reference book.